니

우리 몸을 살리는 주치의, 〈내 몸을 살린다〉 시리즈 북!

현대인들에게 건강관리는 자칫 소홀히 여겨질 수 있는 부분이기도 합니다. 소 잃고 외양간 고친다는 말처럼, 큰 질병에 걸리고 나서야 건강의 소중함을 깨닫는 경우가 적지 않기 때문입니다. 이에 〈내 몸을 살린다〉 시리즈는 일상 속의 작은 습관들과 평상시의 노력만으로도 건강한 상태를 유지할 수 있는 새로운 건강 지표를 제시합니다.

〈내 몸을 살린다〉는 오랜 시간 검증된 다양한 치료법, 과학적·의학적 수치를 통해 현대인들 누구나 쉽게 일상 속에 적용할 수 있도록 구성되었습니다. 가정의학부터 영양학, 대체의학까지 다양한 분야의 전문가들이 기획 집필한 이 시리즈는 몸과 마음의 건강 모두를 열망하는 현대인들의 요구에 걸맞게 가장 핵심적이고 실행 가능한 내용만을 선별해 모았습니다. 흔히 건강관리도 하나의 노력이라고 합니다. 건강한 것을 가까이 할수록 몸도 마음도 건강해집니다. 책장에 꽂아둔 〈내 몸을 살린다〉 시리즈가 여러분에게 풍부한 건강 지식 정보를 제공하여 건강한 삶을 영위하는 든든한 가정 주치의가 될 것입니다.

석류
내 몸을 살린다

김윤선 지음

모아북스
MOABOOKS

저자 소개

김윤선 | 이학박사, 한의학 박사 수료. 현재 미주여성 포털사이트 missyusa.com 〈약이되는 한국음식〉 컬럼니스트로 활동 중이며, 미국 방송 Voice of America 〈애틀랜타 장금이의 약이되는 한국음식〉 방송에 출연하고 있다. 대교방송 8부작 〈소아약선- 비만 아토피 아뇨/야제〉 등에 출연했으며, 저서로는 「약이 되는 한국음식」, 「실험 조리」, 「식생활의 관리」, 「통합적 유아요리 활동의 이론과 실제」, 「면역력, 내 몸을 살린다」등이 있다.

석류, 내 몸을 살린다

1판 1쇄 인쇄 | 2009년 11월 30일
1판 10쇄 발행 | 2012년 06월 18일

지은이 | 김윤선
발행인 | 이용길

발행처 | 모아북스 MOABOOKS
영업 | 권계식
관리 | 윤재현
디자인 | 이룸

출판등록번호 | 제 10-1857호
등록일자 | 1999. 11. 15
등록된 곳 | 경기도 고양시 일산구 백석동 1332-1 레이크하임 404호
대표 전화 | 0505-627-9784
팩스 | 031-902-5236
홈페이지 | http://www.moabooks.com
이메일 | moabooks@hanmail.net
ISBN | 978-89-90539-67-0   03570

젊음의 비결 석류

석류는 아시아산 관목 또는 소교목인 석류나무 (pomegranate)의 열매로서 동서양을 막론하고 오래전부터 포도, 무화과와 더불어 신성하고 중요한 과실로 여겨져왔다. 처음에는 주로 고대 페르시아 지역과 지중해 지역에서 재배되다가 점차 아라비아 반도, 아프가니스탄, 인도에까지 널리 퍼지게 되었다.

석류라는 이름은 이란(고대 페르시아 지역)의 아제르바이잔 주와 바르체스탄 주로 이어지는 거대한 석류산맥의 이름에서 비롯되었다고 한다.

이 산맥은 폭이 광대하고 최고 높이가 해발 5200m에 달하는데, 겨울이 춥고 여름은 매우 더워서 석류나무가 자라기에 최적의 조건을 갖추고 있다.

지금도 이란의 석류 생산량은 년 100만 톤에 달한다.

석류는 고대로부터 많은 사람들의 사랑을 받았는데 성서에 의하면 솔로몬 왕도 석류과수원을 가지고 있었고, 아리아인은 석류를 천국의 과일, 신의 선물로 소중히 여겼으며, 유대인들은 이집트에서의 편안한 생활을 버리고 황야를 떠돌아다닐 때 석류의 시원함을 그리워했다고 한다.

석류가 이렇게 사람들의 많은 사랑을 받으며 전 세계로 퍼져나가게 된 데에는 그만한 이유가 있다. 고대로부터 사람들은 생활 속에서 석류의 다양한 효능을 발견하여, 과실, 과실의 껍질, 꽃, 잎, 뿌리 등 석류나무의 모든 부분을 약으로 사용해왔다.

오늘날 서양의학의 원천으로 칭송받는 페르시아의 전통 의학서에는 석류가 심장과 간장의 기능 강화, 혈액순환 개선 및 정화작용, 체내 과잉 지방 제거, 혈당 조절, 소화작용, 허약체질 개선, 항 임포텐스와 강정작용, 피부노화 예방, 치매 예방, 갱년기 여성호르몬 조절 등의 효능이 있다고 밝히고 있다. 또한 의학의 아버지라 불리는 히포크라테스의 의

학서도 석류의 효능을 언급하고 있으며 이집트의 의학서에
도 석류의 효능이 기록되어 있다.

동양에서도 석류의 효능은 늘 주목의 대상이었다. 인도
합리경험의학의 기초가 된 〈아유르베다 : Ayur-veda〉에 의
하면 석류는 식욕을 증진시키고 소화를 도우며 정신을 맑
게 하는 효능이 있다고 한다. 고대 중국 의학서에는 석류는
꽃과 잎, 과실, 뿌리 모두에 약효가 있어서 여러 가지 질병
을 치료하는 데 폭 넓게 이용된다고 기재되어 있다. 이를
보면 석류가 인간의 건강에 얼마나 중요한 역할을 해왔는
지 알 수 있다.

게다가 현대에 들어서 과실에 풍부하게 함유된 식물성호
르몬의 신비한 효능이 과학적으로 밝혀지면서 석류는 더욱
큰 주목을 받고 있다. 이 물질은 인체의 자연치유력을 높이
고 노화를 예방하여, 더욱 오랫동안 젊음과 건강을 유지할
수 있도록해 준다고 알려져 있다.

이러한 석류의 효능은 수년간의 실험과 연구를 통해 이

제는 부정할 수 없는 사실로 받아들여지고 있다. 고대에는 영생의 희망을 주는 신비한 만병통치 식물로서, 현대에는 인간의 오랜 숙원인 젊고 건강한 삶의 꿈을 실현시켜 주는 신비의 명약으로 사람들의 사랑을 독차지하고 있는 석류. 이제는 석류의 효능과 이용법을 제대로 알고 이용할 때이다.

 -갱년기 증상으로 고통 받고 있는 분들
 -혈액순환장애로 고통 받는 분들
 -빠른 노화와 치매를 예방하고자 하는 분들
 -피부 미용에 관심 있는 분들

 그리고 젊고 건강한 생활을 위해 노력하는 모든 분들에게 이 책을 권한다.

2009년 11월 김윤선

석류는 잎부터 뿌리까지 무엇 하나 버릴 데 없는 식물로서 세계적으로는 이란 지역, 국내에서는 전남 고흥 지역에서 다량 생산되고 있다. 석류의 잎은 사계절 다른 색채를 보여 염료로 애용되며 식용증진, 강장제로서 허약체질 개선을 위한 생약으로 사용되고 있다. 꽃은 구내 궤양, 목의 상처 및 편도선 치유에 이용되고 있으며, 석류나무의 껍질과 뿌리에는 알칼로이드와 베르체렌, 베룰루산 등이 풍부하여 복통, 구내 궤양, 치통, 목이나 상처의 통증, 여러 만성질환의 치유에 사용된다. 과실인 석류는 맛이 탁월하고 비타민, 혈액 정화와 순환작용에 좋고, 마그네슘과 칼륨 등의 미네랄, 여성호르몬인 에스트로겐 등이 다량 함유되어 있다.

차례

1 질병, 어디에서 오는가?

우리 몸에 질병이 생기는 이유는 여러 가지가 있지만 크게 다섯 가지로 분류할 수 있다.

가장 쉽게 떠올릴 수 있는 것은 몸속으로 침투해 신체기능의 이상을 불러일으키는 바이러스나 세균이다. 영양의 불균형으로 인한 체력 저하와 면역기능 약화도 질병을 일으키는 주요 원인 중 하나이다.

또 다른 원인은 오염된 환경과 식품을 통해 우리 몸속으로 들어오는 유해물질이다. 세포의 노화를 불러오는 활성산소도 많은 질병의 원인이 되는 것으로 알려져 있다. 그리고 근래 들어서는 '호르몬'의 이상이 노화와 질병에도 큰 영향을 미치는 것으로 알려져 주의를 끌고 있다.

1) 바이러스와 세균

인간에게 질병을 일으키는 가장 큰 원인 중의 하나가 바로 바이러스와 세균에 의한 감염이다. 이것들을 통칭해 병원체라고 하는데, 크기가 매우 작아 우리도 모르는 사이에 호흡이나 피부 점막, 상처 부위를 통해 몸속으로 들어온다. 이러한 병원체들은 육안으로 식별이 사실상 불가능하기 때문에 여간 주의를 기울이지 않고는 막아내기가 어렵다.

우리 몸을 위협하는 병원체

특히 바이러스 같은 병원체들은 세균보다 작아서 세균 여과기로도 분리할 수 없을뿐더러 전자현미경 없이는 볼 수 없는 작은 입자로, 인체에 침투해 여러 신체기관으로 퍼진다.

바이러스는 생존에 필요한 핵산과 소수의 단백질만을 가지고 있어 숙주에 의존하여 살아가는데, 예를 들어 간염을 일으키는 B형 간염 바이러스는 간세포에서 번식하고, 대상 포진 바이러스는 피부나 신경 조직으로 침투해 번식한다.

우리 주위에서 가장 흔하게 볼 수 있는 감기나 독감도 코와 목 부분을 포함한 상부 호흡기계의 바이러스 감염 증상이다.

바이러스는 C형간염 바이러스나 에이즈바이러스, 헤르페스 바이러스처럼, 신체 면역체계가 알아채지 못할 만큼 느리게 증식하거나 죽는다. 또한 수십 년씩 잠복해 있다가 신체기능이 약화되었을 때 그 모습을 드러내는 경우도 있어서 한번 바이러스에 감염되면 주의를 게을리 하지 않고 꾸준히 건강을 관리해야 한다.

병원체 중 비교적 크기가 큰 세균들은 신체 깊숙한 곳까지는 침투하지 못하고 주로 상처 부위나, 약해진 피부 주위에서 번식하여 염증을 만든다. 그러나 그 중에는 결핵균과 같이 폐를 비롯한 신체 기관 깊숙이 침투해 질병을 일으키는 경우도 있다.

면역시스템이 문제
그러나 이와 같은 병원체들이 몸속에 침투한다고 해도 신체가 건강해 면역시스템이 제대로 작동할 경우에는 병에 걸리지 않는다. 똑같이 독감바이러스에 노출되어도 독감에 걸리지 않는 사람이 있는 것이 바로 이 때문이다.

바이러스가 침투해 병에 걸렸다고 하더라도 면역체계가 잘 작용하면 병원체가 잘 증식하지 못해 병을 곧 퇴치할 수 있다. 세균에 감염되어 염증이 생긴 경우에도 몸이 건강할 경우에도 간단한 소독만으로도 염증을 치료할 수 있는 경우가 많다.

특히 세균의 경우, 현대의학의 발전으로 항생제를 통한 퇴치가 가능하기 때문에 독한 항생제 치료를 견딜 수 있는 체력만 충분하다면 건강에 심각한 위협이 되지는 못한다.

문제는 아직까지 모든 바이러스를 퇴치할 수 있는 단일 약품이 개발되지 않았다는 점이다. 일부 바이러스는 일반적인 항생제로는 퇴치가 불가능하며, 특정한 종류의 바이러스를 퇴치한다고 알려진 약품의 경우에도 개인에 따라 그 약효가 다르게 나타나는 경우가 빈번할 뿐만 아니라, 바이러스가 변형이라도 일으키는 날에는 완전히 무용지물이 되어버린다.

이 때문에 많은 의학기관들이 바이러스로 인한 질병의 치료와 예방을 위해 약품과 백신을 개발하는 데 천문학적인 비용을 지불했음에도, 투자한 만큼의 효과는 거두지 못하고 있는 실정이다.

바이러스 중에 가장 오래되고 널리 퍼져 있는 감기 바이러스, 조류 인플루엔자(pathogenic avian influenza), 최근 유행하고 있는 신종 인플루엔자A(H1N1) 등은 아직도 완벽한 치료제가 없다. 특히 신종플루의 경우 일반 인플루엔자 약품이 맞지 않아 약품 확보에 비상이 걸렸던 것만 보아도 바이러스가 인간의 건강에 심각한 위협이 될 수 있음을 확인할 수 있다.

이렇게 믿을만한 의약품이 없을 경우 더더욱 중요해지는 것이 바로 인체의 면역시스템이다. 신종 인플루엔자에 감염되어도 며칠 앓고 낫는 사람이 있는가 하면 죽음에 이르는 사람도 있다. 바이러스를 퇴치하고 병을 이기는 이들이 대부분 평소 건강 상태가 양호해 면역체계가 건강한 사람들이라는 것을 볼 때 이러한 면역력의 중요성에 대한 확신은 더욱 견고해질 수밖에 없다.

내 몸을 지키는 면역력

신종플루가 급속히 확산되면서 인체 면역력에 대한 관심이 높다. 면역력은 한마디로 외부의 세균, 바이러스, 곰팡이 등과 같은 다양한 균으로부터 우리 몸을 지켜주는 인체 방어시스템이다.

신종플루에 걸려도 훌훌 털어버리는 사람이 있는가 하면, 치명적인 상태에 이르는 사람도 있다. 전문가들은 그 차이를 면역력에서 찾는다. 영남대의료원 가정의학과 정승필 교수는 "감염성 질환에 노출돼도 개인에 따라 차이가 나는데, 이를 결정하는 건 환경에 적응하는 능력과 신체 면역력의 차이"라고 했다.

신종플루 같은 신종 바이러스성 전염병은 우리 몸의 면역체계가 무너졌을 때 쉽게 걸린다. 우리 몸은 지금 이 순간에도 끊임없이 외부 미생물들의 침입에 시달리고 있다. 면역기능이 약해지면 언제라도 질병의 공격 대상이 된다. 좋은 약이 나오고 의학이 아무리 발전한다고 해도 평소 면역력을 길러 병을 예방하는 것보다 확실한 처방은 없다.

　면역력은 '반짝' 노력만으로 높일 수 없다. 면역력을 키우는 건 하나의 성을 쌓는 것과 같다. 무방비 상태에서 갑자기 쳐들어오는 적을 막아낼 수 없는 이치다. 기온차가 큰 환절기에 좋은 음식과 약을 먹는다고 적의 침투에서 벗어날 수 있는 건 아니다. 면역력을 기르는 건 1년 내내, 평생 챙겨야 하는 습관이다.

- 〈매일신문〉 2009년 11월 5일-발췌

2) 영양의 불균형

　앞서 우리는 세균이나 바이러스와 같은 병원체들의 침입에 효과적으로 대항하기 위해서는 인체의 면역체계가 건강해야 한다는 것에 공감한 바 있다. 인체의 면역시스템이 건강하려면 모든 신체기능이 정상적이고 활발하게 이루어져야 하는데, 이를 방해하는 가장 큰 요소가 바로 영양의 불균형이다.

양은 많지만 질은 낮은 식생활

우리는 영양분을 주로 음식물을 통해 섭취한다. 우리가 섭취해야 하는 필수 영양소에는 대표적으로 탄수화물, 단백질, 지방, 비타민, 미네랄이 있다.

이러한 영양소는 우리 몸을 이루는 세포를 구성하고 신체의 활동을 위한 에너지를 만들어내며, 호르몬 분비 등 신체의 조절 기능이 정상적으로 이루어지도록 한다. 때문에 영양소를 골고루 충분히 섭취하지 않으면 건강을 유지하기 어렵다.

그런데 과거에 비해 더욱 풍요로워졌다는 현대인의 밥상을 살펴보면 열량은 무척 높지만 필수 영양소를 골고루 섭취할 수 없는 편중된 식단인 경우가 많다.

비타민과 미네랄이 풍부한 신선한 채소보다는 기름진 육류와 가공식품을 더욱 선호하게 되면서, 식사의 질이 낮아져 가장 기본적인 영양소도 제대로 섭취하지 못하게 된 것이다.

이로 인해 요즘 청소년들은 키와 체중은 과거보다 늘어

났지만 체력은 훨씬 약해졌다는 지적을 받고 있다.

교육과학기술부가 2009년 10월에 발표한 '2000~2008년 학생신체능력검사 결과 보고'에 따르면, 50m달리기, 윗몸일으키기, 제자리멀리뛰기, 오래달리기 등 6종목으로 구성된 신체능력 검사에서, 학생들의 신체능력 상위 1·2급 비율은 33%로 2000년(41%)에 비해 8% 줄어든 것으로 나타났다.

반면 최하 등급인 4·5급의 비율은 지난해 42%로 8년 전 31%보다 11% 늘어났다.

식품의 영양을 파괴하는 요소들

영양 불균형의 원인은 비단 이뿐만이 아니다. 날로 척박해지는 토양 환경으로 인해 농작물 속에 함유되어 있는 미네랄의 양이 과거에 비해 훨씬 줄어들어, 채소를 많이 섭취하더라도 충분한 영양섭취가 어려운 경우도 있다.

음식의 모양과 맛을 좋게 하기 위해 넣는 여러 식품첨가물과 식품의 가공 과정에서 들어가기 쉬운 환경호르몬도 영양의 균형을 깨는 요인 중 하나다.

화학조미료, 방부제, 인공 색소 등의 첨가물은 어느새 우리에게 무척 친숙한 요소가 되었다. 하지만 이런 첨가물들과 환경호르몬은 위장질환, 신장질환, 피부질환, 빈혈, 백혈구 감소를 일으킬 수 있을 뿐만 아니라 심하면 암이나 정신장애, 기형아 출산을 불러올 위험도 있다.

이와 같은 요인으로 영양의 균형이 깨지면 세포의 노화가 촉진되고 면역체계가 약해져 질병에 걸리기 쉬우며 각종 현대병과 비만, 암에 노출될 확률이 매우 높아진다. 또한 영양소는 호르몬과도 밀접하게 관련이 있어, 영양 불균형 상태일 때 성기능이 저하되고 갱년기 증상이 심화된다.

지혜롭게 먹자

이렇게 중요한 영양의 균형을 찾기 위해서는 무엇보다 비타민과 칼슘 등의 미네랄을 충분히 섭취하도록 해야 한다. 특히 현미, 해조류, 씨앗류에 많이 함유되어 있는 마그네슘은 뼈의 형성과 심혈관계 기능 활성화에 큰 도움을 준다고 밝혀져, 인체의 물질대사와 생리기능을 조절하는 필수 영양소인 비타민과 함께 중요한 영양소로 주목받고 있다.

또한 동물성지방과 농약을 비롯한 독소에 노출된 식물에서 추출된 기름의 섭취를 제한하고 오메가9가 풍부한 유기농 올리브 오일이나 오메가3의 보고인 생선을 통해 지방을 섭취하는 것이 좋으며 단백질도 콩과 같은 식물이나 청정 해역에서 잡은 생선을 통해 섭취하는 것이 바람직하다.

더불어 채소에 많이 들어있는 효소를 충분히 섭취하여 이러한 영양소들이 효과적으로 흡수될 수 있도록 해야 하는데, 아무리 좋은 음식을 먹더라도 소화 흡수 과정이 원활히 이루어지지 않으면 섭취한 영양소들이 그대로 배설되어 버리기 때문이다.

3) 유해물질과 활성산소

우리 몸을 병들게 하는 원인 중에서 현대에 들어 가장 주목받고 있는 것이 환경오염으로 인해 발생하는 유해물질과 인체를 내부에서 오염시킨다고 알려진 활성산소이다.

유해 화학물질에 둘러싸인 현대인

환경오염으로 인한 유해물질의 위협은 산업혁명 이후 무분별한 개발로 인해 환경이 급속도로 파괴되면서 본격화되기 시작했다.

국립환경연구원에서 작성한 〈유해화학물질 환경배출량 보고(TRI)제도〉에 따르면 현재 전 세계적으로 1,700만 여종의 화학물질이 개발되어 그 중 약 10만 여종의 화학물질이 상업적으로 유통되고 있으며, 이들 화학물질은 생산, 유통, 사용 및 폐기 과정에서 대기와 수질, 토양 등을 통해 인체에 도달할 수 있어 인체와 환경 모두에게 위해를 가할 수 있는 것으로 나타났다.

실제로 우리는 1950년대 일본에서 수은 중독으로 발생한 미나마타병과 일본 도야마 현에서 카드뮴 오염으로 발생한 이타이이타이병, 1980년대 초 울산 지역에서 발생한 국내 최초의 공해병인 온산병 그리고 최근 관심이 모아지고 있는 아토피와 새집증후군 등을 경험하면서 유해 화학물질의 위험성을 뼈저리게 깨달은 바 있다.

　최근 들어서는 환경에 대한 관심이 높아지면서 환경을 정화하고 오염을 최소화 하려는 노력이 다각도로 이루어지고 있지만, 우리 생활을 둘러싸고 있는 여러 화학물질이 인체에 미치는 영향은 아직도 절대적이다.

　주위를 둘러보면 우리가 사용하고 있는 샴푸와 비누, 각종 세제, 합성섬유로 만들어진 의류, 화장품, 전자제품과 가구, 플라스틱으로 만들어진 식기류 어느 것 하나 석유화학물질에서 자유롭지 못하다. 문제는 이러한 물질들이 인체에 유해한 화학물질로 덮여있다는 점이다.

　이러한 화학물질 속의 독소들은 음식과 함께 몸속으로 직접 섭취되거나 피부를 통해 흡수될 가능성이 높은데, 소화기관으로 흡수된 유해물질은 그나마 소화과정에서 일정 부분 분해되거나 간에 의해 어느 정도 해독되는 데 반해 피부 혹은 폐로 흡수되는 유해물질은 혈관을 통해 여과되지 않고 모든 신체기관으로 퍼지기 때문에 더욱 위험하다.

위협당하는 건강, 어떻게 지킬 것인가?

이러한 유해 화학물질은 아토피성 피부염, 천식 등의 알레르기성 질환과 류머티즘성 관절염과 같은 자기면역질환 그리고 정신분열증, 우울증, 공황장애, 자폐증, 과잉행동장애 같은 정신질환 이 외에도 암, 백혈병, 부인병, 남성 질환, 불임, 당뇨 등 난치성 질환을 광범위하게 불러일으키는 것으로 알려져 있다.

특히 재료로 많이 이용되는 폴리염화비닐에서 많이 분비되는 환경호르몬은 호르몬의 생리 작용을 교란시켜 정자 감소, 불임증가, 생식계의 이상, 성조숙증, 암 등 심각한 질병의 원인이 되고 있으며 기형아 출산, 기형생물 출현의 원인으로 지목되기도 한다.

이처럼 심각한 위협에서 벗어나기 위해서는 먼저 합성세제나 플라스틱 용기 같은 화학물질로 만들어진 물건의 사용을 줄이고 간과 신장의 해독작용을 돕는 미네랄과 물을 충분히 섭취하여 신체의 해독기능을 강화시켜주는 것이 좋다.

또한 천연호르몬을 많이 섭취하여 신체의 대사기능을 강

화함으로써 해독을 도울 수도 있다.

활성산소, 몸속의 유해물질

몸 밖에서는 유해물질이 건강을 위협했다면 몸속에서는 활성산소가 건강을 해치는 요인이 되고 있다. 활성산소는 혈액 속 미토콘드리아의 활동, 대식세포의 활동, 자외선, 혈액순환장애, 스트레스, 유해 화학 물질, 전자파 등으로 인해 만들어진다.

활성산소가 적당히 만들어질 경우에는 우리 몸에 좋은 영향을 준다.

활성산소는 본래 몸속에 침입한 세균과 바이러스를 죽일 때 사용되는 물질로 인체의 면역체계가 외부의 위협으로부터 신체를 지키는 방어기제이다. 그런데 이 활성산소가 비정상적으로 많아지면 이것이 우리 몸의 정상세포까지 공격하기 때문에 질병이 발생하게 된다.

보통은 인체에서 활성산소를 제어해주는 항산화효소가 적절히 분비되기 때문에 질병이 발생하지 않지만, 활성산소가 과잉되어 항산화효소의 활동에 과부하가 걸리거나 항산화효소가 인체에서 생성되지 않으면 여러 가지 질병이 발생한다.

질병에서 벗어나려면 활성산소를 없애라

활성산소는 몸속에서 산화작용을 일으켜 세포막과 DNA, 세포 구조를 손상시키는데, 손상의 범위에 따라 세포가 기능을 잃거나 변질된다.

활성산소는 또한 몸속의 아미노산을 산화시켜 단백질의 기능 저하를 가져오며 핵산을 손상시켜 돌연변이나 암의 원인이 되기도 한다. 생리 기능도 저하시키기 때문에 노화 촉진의 원인이 되기도 한다.

최근에는 활성산소에 대한 연구가 더욱 활발해지면서 현대인의 질병 중 약 90%가 활성산소와 관련이 있다고 보고되고 있다.

암, 동맥경화증, 당뇨병, 뇌졸중, 심근경색증, 간질환, 신장염, 아토피, 파킨슨병 등이 활성산소의 작용으로 발생하는 대표적 질환들이다.

이러한 질병에 걸리지 않으려면 몸속의 활성산소가 과잉

되지 않도록 노력을 기울여야 한다.

먼저 스트레스를 피하고 휴식을 충분히 취해주며 활성산소를 없애주는 물질인 항산화물인 비타민E와 비타민C, 요산, 빌리루빈, 글루타티온, 카로틴 등이 풍부한 음식을 섭취하는 것이 좋다.

이러한 물질은 포도, 석류 등에 많이 함유되어 있는데, 항산화물은 자연적인 방법으로 섭취하면 효과가 더욱 크기 때문에 특히 식생활에 주의를 기울여야 한다.

4) 체내 호르몬의 이상

과거에는 호르몬(hormone)이 건강에 미치는 영향에 대해 알려진 바가 거의 없었으나 근래에는 호르몬에 대한 연구가 활발하게 이루어지면서 그 중요성에 대한 인식이 점차 커지고 있다.

호르몬은 일반적으로 신체의 내분비기관에서 생성되는 다양한 화학물질들을 통틀어 일컫는 말이다.

여러 내분비기관에서 만들어진 호르몬은 혈관을 거쳐 신

체의 여러 기관으로 운반되어 신체의 성장과 발달을 돕고, 체내 환경을 일정하게 유지하며, 에너지 대사를 조정하고 신체가 스트레스와 위기 상황에 잘 대처하도록 돕기도 한다. 또한 신진대사와 생식 그리고 세포의 증식 등 다양한 역할을 하는 것으로 알려져 있다.

호르몬은 인체의 특정 부위에서 분비되는데, 혈류를 타고 특정 신체기관에 도달하여 기능을 제어하게 된다.

예를 들어 성호르몬은 생식선에서 분비되어 성기와 유방의 성장과 발달을 도우며 부신수질에서 분비되는 아드레날린은 혈액으로 전달되어 혈당량을 조절하는 역할을 한다. 대표적인 국소호르몬인 히스타민(histamine)은 적혈구의 구성 성분이 되며, 혈압을 낮추고 신경조직에서 신경전달물질로 기능한다.

호르몬은 이렇게 다양한 기능을 가지고 있기 때문에 분비에 이상이 생겨 불균형 상태가 되면 생체 조절 기능에 막대한 지장을 줄 뿐만 아니라 질병을 불러오는 요인으로 작용한다.

호르몬은 신체 대부분의 부위에 광범위하게 작용하므로

분비 이상으로 인해 나타나는 질병의 종류도 매우 다양하다. 췌장에서 분비되는 인슐린이 부족하면 당뇨가 생기기 쉬우며, 신장에서 분비되는 레닌 이라는 호르몬과 부신에서 분비되는 알도스테론이라는 호르몬의 과잉 분비는 고혈압을 불러올 수 있다.

갑상선 호르몬은 부족하면 집중력이 저하되고 무기력해지고, 과잉되면 체중이 줄어들고 성격이 급해지는 경향이 생긴다. 부신피질 호르몬 같은 경우에는 부족하게 되면 쉽게 피로와 스트레스를 느끼고 식욕저하와 구토증세가 나타날 수 있으며, 심하면 사소한 스트레스에도 쇼크를 일으켜 사망에 이를 수도 있다.

호르몬 불균형은 이외에도 소화기 질환에서 심혈관계 질환, 생식 기능 저하, 당뇨, 근골격계 질환, 성장발육 이상, 암 그리고 노화에 이르기까지 인간에게 나타나는 거의 모든 질병의 원인이 될 수 있다.

호르몬 분비 이상 현상은 주로 스트레스나 영양 결핍 혹은 과잉, 질병 등의 이유로 나타나게 되는데, 이로 인해 다

시 질병이 발생하기 때문에 건강을 지키기 위해서는 이에 대한 세심한 주의가 필요하다.

◎ 호르몬의 종류와 기능

분비 장소	종 류	기 능	불균형 시 증상
뇌하수체 전엽	성장호르몬(STH)	뼈의 성장과 발달, 단백질 합성, 생장 촉진	결핍 시 소인증
			과다 시 거인증
	갑상선자극호르몬 (TSH)	티록신 분비 촉진	결핍 시 갑상선기능 저하
			과다 시 갑상선종
	부신피질자극호르몬 (ACTH)	부신 피질 호르몬 분비 촉진	결핍 시 부신기능 저하
	여포자극호르몬 (FSH)	여포 성숙 촉진	결핍 시 생식기능 저하
	황체형성호르몬 (LH)	배란 황체 형성 촉진	결핍 시, 정소 난소 퇴화
	모유분비자극호르몬 (LTH, 프로락틴)	유선 성장, 모유 분비 촉진	결핍 시 젖샘 발육 부진
뇌하수체 후엽	항이뇨호르몬 (바소프레신, ADH)	신세뇨관의 수분 재흡수로 혈중삼투압 조절	결핍 시 요붕증
	자궁수축 호르몬 (옥시토신)	자궁 수축, 유즙 분비 작용에 관여	결핍 시 난산 위험
갑상선	티록신	물질 대사 촉진	결핍 시 크레틴병
			과다 시 바제도병

분비 장소	종류	기능	불균형 시 증상
부갑상선	파라토르몬	혈액의 칼슘량 조절	결핍 시 테타니병 과다 시 섬유성 골염
부신피질	당질 코르티코이드	혈당량 증가	-
	무기질코르티코이드	K^+와 Na^+ 농도 조절	결핍 시 에디슨병
부신수질	아드레날린	혈당량 증가	-
췌장	글루카곤	혈당량 증가	과다 시 당뇨
	인슐린	혈당량 감소	결핍 시 당뇨
생식선 (정소)	테스토스테론	2차 성징 발현, 남성 생식기능 조절	생식기능 저하, 갱년 기증상 등
생식선 (난소)	에스트로겐	2차 성징에 관여, 여성 생식기능 조절	생식기능 저하, 갱년기 증상, 골다공증, 노화 등
	프로게스테론	자궁 내막 증식, 수정란 착상, 배란 등에 관여	생식기능 저하, 불임 등

* 내용 출처 : 브리태니커 백과사전 내용 참고

또 다른 독소, 환경호르몬

호르몬의 이상 증세 중에서도 환경호르몬으로 인한 에스트로겐 과잉 문제는 환경오염문제와 더불어 많은 이들의 건강을 위협하고 있다.

환경호르몬을 발생한다고 알려진 물질은 약 70여 가지인데, 앞서 언급했던 폴리염화비닐 외에도 다이옥신, DDT, 비스페놀A, 노닐페놀, 합성 에스트로겐 등이 이에 속한다.

이러한 물질들은 대부분 생활 속에서 자주 사용되는데 DDT는 과거 농약 성분으로 많이 사용되었고, 노닐페놀은 세탁 세제에 이용되고 있으며, 비스페놀A는 대부분의 플라스틱 제품에 들어있다.

합성 에스트로겐은 병원의 처방약으로 사용되었는데, 1960년대에는 피임과 갱년기 회춘의 명약으로 사랑받았으나 근래 유방암, 자궁암을 유발하고 갱년기 장애를 심화시키는 등 부작용이 큰 것으로 밝혀져 사용이 제한되고 있는 추세이다.

이러한 환경호르몬은 유사 에스트로겐이라도 불리는데 인간의 여성호르몬인 에스트로겐과 유사한 역할을 하며, 자연 환경에 흘러들어 가면 동물의 생식 기능 이상과 기형 생물 출현 등 심각한 문제를 발생시킨다.

이처럼 환경호르몬에 노출된 환경에서 생활하는 사람은 항상 에스트로겐 과잉 상태에 놓이게 된다. 환경호르몬과 자주 접촉하게는 생활환경에 놓여 있는 데다 오염된 동식물을 식품으로 사용할 때 환경호르몬을 함께 섭취하게 되기 때문이다.

이렇게 에스트로겐이 과잉되면 자궁 근종, 유방암, 남성의 여성화 등의 질병이 발생하기 쉽다.

앞에서도 잠시 언급했지만 신체 외부에서 만들어지는 환경호르몬은 인체에 매우 유해한 물질로, 몸속으로 침투했을 경우 성호르몬의 정상적인 분비와 작용을 방해하고 생식기관의 활동장애를 불러온다고 알려져 있다.

이러한 상황을 개선하기 위해서는 오염물질에 노출되는 것을 최소화하며, 부족한 호르몬을 보충하고 호르몬 과잉을 개선할 수 있는 호르몬 요법을 시행하는 것이 좋다.

2 노화의 원인은 무엇인가?

1) 노화에 대한 생각이 변하고 있다

노화(老化)는 인간을 포함해 지구 생태계의 모든 생명체가 겪는 자연스러운 현상이다.

노화는 기본적으로 시간의 흐름에 따라 생물의 세포와 신체기능이 퇴화하는 과정이다.

나이가 들어 노화가 본격화되면 세포의 분열 능력이 약화되면서 재생능력이 줄어들게 된다. 노화된 세포가 새로 태어난 건강한 세포로 대체되지 못하기 때문에, 세포가 이루고 있는 신체기관들의 기능도 급격히 저하된다.

신체가 노화되면 일반적으로 스트레스에 잘 대처하지 못하게 되며, 면역력이 약화되고 항상성을 유지가 어려워지기 때문에 질병에 걸릴 위험도 높아진다.

이러한 이유 때문에 최근에는 노화도 일종의 질병으로 인식되고 있으며, 이를 극복하기 위한 연구들도 활발하게 이루어지고 있다.

그러나 이것은 노화를 부정하겠다는 것이 아니라, 신체의 노화에 적극적으로 대응하여 건강을 지키고 삶의 질을 높이고자 하는 노력이다. 사람이 늙고 죽는 것은 자연스러운 과정이지만 이로 인해 삶이 고통스러울 필요는 없지 않을까?

노화로 인한 질병의 위협에서 벗어나 행복한 인생을 영위하기 위해서는 노화에 대해 바로 알고 이를 극복하려는 능동적인 자세가 필요하다.

2) 내 몸의 노화현상

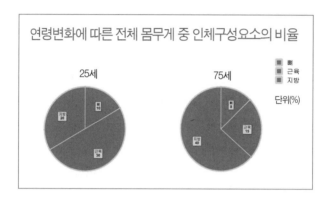

연령변화에 따른 전체 몸무게 중 인체구성요소의 비율

25세 75세

■ 뼈
■ 근육
■ 지방

단위(%)

늘어나는 지방, 줄어드는 근육 양

신체가 노화하면 신체 각 부위의 기능들이 현격하게 저하되며, 뼈에서 뇌세포까지 몸속 모든 기관이 속속들이 변화한다. 노화가 시작되면서 가장 빨리 변하기 시작하는 것은 몸속 지방의 모습이다.

먼저 얼굴의 피하지방의 두께와 피부 속 콜라겐 감소가 두드러지게 나타난다. 이와 함께 피부가 건조해지고 얼굴 주름이 늘기 시작하고 정맥과 실핏줄들이 눈에 잘 보이게 되며, 하안검(아래 눈꺼풀)과 뺨에 지방층이 줄어들어 살이 아래로 처지는 현상이 나타난다.

이렇게 얼굴과 팔다리 부분의 피하지방은 줄어들지만 복부의 지방은 오히려 늘어난다. 남녀 모두 복부의 피하지방과 내장지방이 동시에 늘어나며 몸의 탄력이 급격히 줄어들고 팔, 다리 등의 지방과 근육 양이 줄어들며 하체가 가늘어진다.

이 시기에는 운동이나 식이요법을 시작한다고 해도 젊은 시절처럼 멋진 곡선을 가진 몸매를 만들기 어렵다.

신체기관 기능 저하

노화가 시작되는 중년 이후에는 지방성 퇴적물과 반흔 조직들이 조금씩 혈관의 내벽에 축적되어 심장, 뇌 등 주요 장기로 흐르는 혈액의 흐름을 방해하기 때문에, 혈액순환 장애와 고혈압이 생기기 쉽다.

이에 따라 심혈관계 질환이 발생하기 쉬우며 당뇨 등 각종 성인병에 노출될 위험도 크다. 뿐만 아니라 뇌 기능도 약해져 기억력과 정보처리 능력이 줄어들게 되며 치매 증세가 생기기도 한다.

　보통 사십대 중반이 지나면 폐 조직을 구성하고 있는 단백질이 탄력을 잃고 흉벽이 굳어가기 때문에 들이마신 산소를 정맥혈로 운반하는 폐의 능력이 감퇴된다.
　소화기관의 변화도 현저하다. 소화 효소와 위액의 분비도 원활하게 이루어지지 않고 대장의 움직임도 약해진다.
　신장의 조절기능도 약해지는데, 특히 노폐물이 제대로 걸러지지 않아 혈액 내의 이온 농도와 pH, 그리고 혈압이 높아질 위험이 크며 오십대 중반이 지나면 방광 근육까지 약해져 요실금이 생기기도 한다.

여성호르몬의 감소
　노화가 진행되면 여러 가지 호르몬 분비가 감소하게 된다. 남여 모두에게 나타나는 갱년기 현상은 성호르몬 부족으로 생기는 현상이다.
　보통 45세 이후 여성의 경우 여성호르몬인 에스트로겐의 분비가 급속히 줄어든다. 에스트로겐의 분비가 줄어들면 생식 기능이 저하되고 피부 탄력이 줄어드는 등 여성으로

서의 매력이 줄어들며, 질이 좁아지고 건조해져서 성기능 저하를 초래할 수 있다.

만성적으로 에스트로겐이 부족하면 비뇨생식기계가 위축되어 질 건조감, 성교통, 질 감염, 요로계 감염으로 인한 질염, 방광염, 배뇨통, 급뇨 등의 증상이 나타날 수 있다.

여성의 나이에 따른 혈액 중 에스트로겐 농도 변화

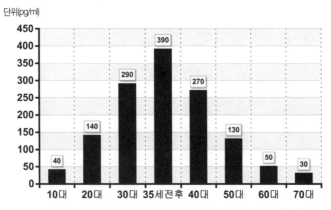

단위(pg/ml)

* 출처 : 〈여성호르몬 젊음의 묘약인가?〉 중에서

또한 이 시기에는 정서적으로도 불안정하기 때문에 집중력 장애, 단기 기억장애, 불안, 신경과민, 기억력 감소, 성욕 감퇴, 우울증 등의 증상이 나타날 수 있다.

◎ 성호르몬 불균형으로 나타나는 여성 질환

구 분	질환의 종류	확인이 필요한 증상
0~12세	질염, 성조숙증 등	질분비물 이상, 유방 크기 이상
13~19세	월경 이상, 심한 생리통, 신장 및 가슴 발육 부진 등	초경(시기), 월경력, 체중 변화
20~30세	생리 불순 및 생리통, 생리주기 감소, 비만, 피부 질환(여드름, 뾰루지) 등	월경력, 질 분비물 이상, 성교통
30~45세	불면증, 신경과민, 질건조증, 각종 자궁암, 유방암, 질염, 냉대하, 자궁근종, 조기 폐경 등	월경력, 질출혈, 유방 내 멍울, 유두분비물, 성교통
45~55세	질분비물 감소(성교통), 질염, 냉대하, 자궁근종, 체중 감소, 피부노화(기미, 검버섯, 주름, 피부 처짐증상 심화, 기억력 감퇴 및 우울증, 자궁암, 유방암 등	월경력, 유방 내 멍울, 질 분비물
55~65세	폐경, 골다공증 심화, 갱년기 증후군 심화, 요실금	월경력, 열성 홍조, 배변장애, 우울증

〈경향신문〉 2009. 11. 11 발췌

에스트로겐 부족은 또한 피부 건조증, 근육통, 관절통과 같은 피부 트러블을 불러올 수 있으며, 골밀도를 급격히 감소시켜 골다공증으로 인한 골절이 빈번하게 발생할 수 있다.

여성호르몬 분비 감소로 인한 가장 큰 변화는 폐경이다. 여성이 나이가 들면 난소가 노화되어 기능이 떨어지면 배란 및 여성호르몬의 생산이 중단되며 폐경이 나타나게 된다. 대개 1년간 생리가 없을 경우 폐경으로 진단하는데, 보통 40대 중후반에 이러한 증상이 시작되어 생리가 완전히 없어지는 폐경까지 4~7년 정도가 소요된다. 이 기간을 갱년기라고 하며, 이 기간 동안 여성의 신체는 많은 변화를 겪는다.

갱년기에 가장 흔하게 나타나는 증상은 생리가 불규칙해지는 것이다. 또한 이 시기에 우리나라 여성의 50% 정도가 안면홍조, 발한 등의 급성 여성호르몬 결핍 증상을 겪는다.
또한 약 20%의 여성들이 안면홍조를 비롯하여 피로, 불안, 우울, 기억력 장애 등을 호소하며 수면 장애를 겪기도 한다. 이러한 증상은 폐경 약 1~2년 전부터 시작되어 폐경 후 3~5년간 지속될 수 있다.

남성호르몬의 감소

남성의 경우에는 노화가 진행되면서 성장호르몬과 남성 호르몬인 테스토스테론의 분비가 줄어들고 성욕이 감퇴하며 성기능이 원활하지 못하게 된다.

이 시기에 남성은 기분 변화가 심해지고 뼈와 근육도 약해진다. 또한 많은 남성들이 전립선비대증으로 배뇨에 어려움을 겪기도 한다. 그러나 흔히 생각하듯이 발기부전은 일반적인 노화에서 오는 현상은 아니다.

최근에는 이 시기를 남성의 갱년기라고 하기도 하는데, 그 이유는 이 시기에 남성에게도 남성호르몬 분비 저하에 따른 성욕과 활력이 감소, 우울, 무기력, 피로 등의 갱년기 증상들이 나타나게 되기 때문이다.

남성 갱년기에는 테스토스테론이 저하되고 에스트로겐은 증가함에 따라 여러 가지 증상들이 나타난다.

먼저 골밀도가 감소하고 근육 양이 줄어들며, 활력 감소, 우울, 두통, 집중력 저하, 불면증, 전신피로감, 성욕 저하, 복부 비만, 체력저하 등이 생길 수 있다. 이러한 테스토스테론 부족 현상은 40~49세에서 약 49%, 70세 이상에서 약 70%의 비율로 나타난다.

이처럼 여성과 같이 갱년기 증상을 겪음에도 불구하고 남성갱년기에 대한 이해가 부족한 것은 남성의 경우 여성과 달리 테스토스테론의 분비가 서서히 감소되어 이러한 갱년기 증상들을 일반적인 노화 증상이라고 생각하는 경우가 많기 때문이다.

성장호르몬의 감소

남녀 모두에게 나타나는 현상으로는 성장호르몬 분비 감소를 들 수 있다. 연구 결과에 따르면 성장호르몬은 성장활동이 가장 활발한 10대 시기에 가장 많이 분비되며, 수면을 취한 지 30분이 지난 후, 운동을 시작한 지 20~30분 후에 가장 왕성하게 분비되는 것으로 알려져 있다. 그러다 20대 이후부터는 10년마다 약 14.4%씩 꾸준히 감소하여, 60대가

되면 절반 이하로 줄어든다.

성장호르몬은 보통 키를 자라게 하는 데 필요한 것으로만 생각하는 이들이 많다.

하지만 성장호르몬은 이외에도 신체의 대사활동에 관여하여 신체 구성 성분인 근육, 지방, 뼈의 변화에 직접적인 영향을 미치는 매우 중요한 생명활동의 요소이다.

성장호르몬은 뇌에서 분비되어 여러 신체기관으로 보내지는데, 뼈와 연골의 성장을 촉진할 뿐만 아니라 단백질 합성, 지방 분해 촉진과 같은 작용도 한다.

성장호르몬의 분비가 줄어들면 체내로 들어온 지방이 잘 분해되지 않아 복부지방이 증가하고, 단백질과 골 대사 작용이 줄어 근육 량과 골밀도가 줄어들게 된다.

이외에도 피부 노화, 탈모, 갱년기증후군, 성기능 감소 등의 증상이 나타난다.

3) 노화 극복, 호르몬 요법으로 가능한가?

앞서 살펴봤듯이 여성호르몬, 남성호르몬 그리고 성장호르몬 등 각종 호르몬 분비 감소는 노화 현상의 원인이자 결과이다.

이러한 이유로 노화로 인한 각종 질병을 예방하고 개선하기 위해 호르몬 요법이 활용되고 있는데, 그 효과 또한 과학적으로 증명되었다.

여성 호르몬 보충요법

부족한 여성 호르몬 에스트로겐을 보충하면 콜라겐의 흡수를 도와 피부의 탄력과 윤기를 더해주고 주름을 방지하며 갱년기 증세를 완화하고 골흡수를 억제하여 골절을 감소시킨다.

에스트로겐 보충 요법은 노화로 인해 발생하는 여러 가지 질병을 예방하는 효과도 뛰어난 것으로 보고되고 있다. 노인성 치매 예방과 인지기능 개선, 대장암 예방, 피부 건조증 해소 등에 높은 효과를 보이며, 대사증후군과 협심증, 류

머티즈성 관절염에도 좋다고 알려져 있다.

또한 이 요법은 심혈관계 질환 개선에도 효과가 있는 것으로 보고되고 있다.

미국의 의학박사 헌트(Brian E. Hunt)는 건강한 폐경 여성들을 대상으로 6개월간 에스트로겐 보충요법을 시행한 결과 "동맥혈압과 혈관의 교감신경 활성도를 측정한 결과 폐경기 동안의 에스트로겐의 부족은 혈압을 조절하는 신경계의 기능에 영향을 미치며, 폐경기 후에 발생하는 고혈압과 다른 심혈관계 질환들이 에스트로겐의 결핍과 관련될 수 있다."고 말했으며 "에스트로겐 보충요법이 혈압을 조절하는 능력을 부분적으로 회복시킬 수 있다."고 밝히기도 했다.

하지만 에스트로겐 보충을 위한 화학요법을 시행할 경우 유방암에 노출 될 위험이 커지고 유방 압통, 오심, 두통과 더부룩함 등의 부작용이 생길 수 있다는 면에서 명심하고 되도록이면 천연 에스트로겐을 섭취하여 보충 요법을 시행하는 것이 좋겠다.

남성 호르몬 보충요법

중년기와 노년기에 테스토스테론의 분비가 줄어들면 남성도 여성과 같이 갱년기 증상을 겪으며 노화가 가속화된다. 이때 테스토스테론을 보충하면 다양한 갱년기 증상을 호전시킬 수 있다.

무기력, 우울, 기억력 감퇴, 성기능 저하, 골다공증, 근력 감소, 그리고 체지방 증가 모두 이러한 갱년기 증상인데 이같은 증상, 노화를 테스토스테론 보충 요법으로 어느 정도 예방할 수 있다.

하지만 아직까지는 그 효과가 확증된 것은 아니며, 효과가 제한적이라는 의견도 있어 무턱대고 실행하지 말고 신중하게 선택해야 할 것이다.

남성호르몬 보충 요법을 받으려면 먼저 남성호르몬의 수치를 확인해보고 부작용 여부를 점검하는 것이 좋다. 호르몬 수치를 보다 정확하게 측정하기 위해서는 전립선 질환, 콜레스테롤, 당뇨, 초음파, 심전도, 간과 신장 기능 검사도 함께 시행하는 것이 좋다.

검사 결과 여성호르몬인 에스트로겐의 수치가 높거나 남성호르몬인 테스토스테론의 수치가 정상(10~35mol/L)보다 낮고 남성 갱년기 증상이 심하다면 이 요법을 받는 것이 좋으나 전립선암과 전립선비대증이 있다면 금해야 한다.

성장호르몬 보충요법

성장호르몬의 결핍은 65세 이상 노인의 약 1/3에서 일어나며 다양한 대사이상을 일으킨다.

성장호르몬 보충법은 지방 중량 감소, 총 콜레스테롤과 LDL-C, ApoB의 감소, 골밀도의 증가, 운동능력 증가, 심박출량의 증가, 피부 두께 증가, 면역작용 호전의 효과가 있는 것으로 보고되고 있다.

이러한 이유로 성장호르몬은 노인들의 근육 양 감소를 개선하기 위한 치료에 쓰이며, 성인들의 복부지방 제거에 활용되기도 한다.

성장호르몬은 콜레스테롤 수치를 낮춰, 동맥경화증과 고혈압을 예방하는 데 이용할 수도 있다. 성장호르몬이 결핍

되었을 경우, 정상일 때보다 심혈관계 질환으로 사망할 확률이 두 배 이상 높게 나타났다.

또한 부족한 성장호르몬을 보충하면 골밀도가 줄어드는 것을 막아 골다공증을 예방하고, 불면증과 우울증 등 갱년기 증상을 개선하는 데도 효과를 거둘 수 있다.

성장호르몬이 이처럼 노화와 노인성 질환 개선에 효과를 나타내고 있지만 오로지 장점만 있다고는 볼 수 없다.

1990년 세계적인 의학잡지 〈뉴잉글랜드저널오브메디슨〉에 성장호르몬 보충 효과에 대한 논문이 실리면서 성장호르몬이 20세기의 불로초로 주목받기도 했지만, 성장호르몬 보충치료를 위한 의약품들의 안전성이 확증되지 않은 데다 장기간 사용 시 효과와 부작용이 아직 확인되지 않은 실정이다.

이에 미국 식품의약국(FDA)에서는 매우 특정한 질병에 한하여 성장호르몬 보충치료를 허용하고 있다.

게다가 성장호르몬 보충치료를 받으려면 '주사'를 통해 약품을 투여받아야 하는데, 이것은 매우 많은 비용이 소요될 뿐만 아니라 갑상선기능저하증, 당뇨, 고관절 탈구, 백혈병, 말단비대증 등의 부작용이 생길 수도 있으니 신중하게 결정해야 한다.

그런데 인공적인 방법 외에도 운동을 통해 성장호르몬 분비를 촉진하는 간단한 방법이 있다. 하루 30분 정도 걷는 것이다. 또한 깊은 수면을 취하고 균형 잡힌 영양 섭취를 유지하면 성장호르몬의 분비도 많아질 것이다.

3 건강의 파수꾼, 비타민과 호르몬

1) 건강한 삶의 열쇠, 자연

사람은 자연의 일부분이며 건강의 열쇠 또한 자연에서 찾을 수 있다. 우리가 병의 치료를 위해 먹는 약도 모두 자연 속의 물질을 이용해 만들어낸 것이다.

건강에 이상이 생겼다는 것은 몸에 퇴치해야 할 병원체나 독소가 들어왔거나, 몸에 꼭 필요한 영양소가 부족하거나, 기타 이유로 신체 기관의 기능에 이상이 생겼다는 뜻이다. 이렇게 건강에 이상이 생기면 사람들은 이를 바로잡기 위해 약을 먹고 여러 가지 치료를 받는다.

그런데 의학이 발전하면서 우리가 많이 이용하고 있는

화학 약품들은 그 효과도 안정적이지 않고 부작용이 생기는 경우도 많아 사용에 주의가 필요하다.

건강을 지켜주는 자연의 물질

건강을 지키는 가장 안전한 방법은 자연에서 그대로 가져온 천연 물질들을 활용하는 방법이다. 인간도 자연의 일부이며 서로 상호작용하는 존재이기 때문에 천연 물질을 이용하면 자연스럽게 건강의 이상을 바로잡을 수 있는 것이다.

그렇다면 우리가 살고 있는 자연계는 과연 어떤 곳이며, 그 속에 우리 몸에 유용한 물질로는 어떤 것들이 있을까?

지구라는 광대한 자연계에는 무수히 많은 종류의 물질이 존재한다. 이 중에는 인간에게 독이 되는 물질도 있고 약이 되는 물질도 있으며, 우라늄이나 석유처럼 생활을 편리하게 해주는 물질도 있다.

인간의 입장에서 볼 때 지구의 자연 환경은 크게 4 구역으로 나눌 수 있다. 물과 공기, 대지, 그리고 생명체가 바로 그것이다.

공기의 구역

먼저 공기의 구역을 살펴보면 산소와 탄소, 오존, 이온 등의 물질을 찾아볼 수 있다. 산소는 재론의 여지없이 생물의 생존에 없어서는 안 될 요소이다.

대기 중에 층을 형성하여 지구의 보호막 역할을 하는 오존은 지표면에서 생성될 경우 해로운 오염 물질이 될 수 있지만 하수의 살균, 악취제거 등에 유용하게 이용된다. 또한 이온 중에서도 음이온은 항균작용이 뛰어나고 스트레스 호르몬을 낮추고 면역력을 높이는 작용을 한다.

물과 대지의 구역

물의 구역을 살펴보자. 물은 공기와 함께 생물의 생존에 필수적인 요소이며, 섭취하는 사람의 건강에 직접적인 영향을 미치기도 한다. 물이라고 해서 다 같은 물이 아니라 건강에 좋은 물과 나쁜 물이 따로 있다는 것이다.

건강에 좋은 물은 오염물질이 들어 있지 않고 각종 미네랄이 다량 함유되어 있는 물이다.

미네랄은 인체의 생리활동에 필요한 매우 중요한 요소이다. 철분, 구리 및 코발트 등이 부족하면 빈혈이 생기고 셀

레늄은 노화방지와 심장질환 예방에 기여하며, 마그네슘이 부족하면 뼈가 약해진다.

철, 아연, 구리, 셀레늄 등 물속에 용해되어 있는 중금속도 미량 섭취한다면 건강 유지에 도움이 된다는 연구결과도 있다. 건강하려면 이러한 물질들이 골고루 용해되어 있는 물을 섭취하는 것이 좋다.

대지의 구역은 물의 구역이나 생물체의 구역과 분리해서 생각하기 어렵다. 대지에서 발견할 수 있는 아연이나 철이 몸에 좋다는 것은 잘 알려져 있는 사실이고 금속 원소도 생체 활동에 중요한 역할을 한다.

물속에 용해되어 있는 미네랄이 원래 있던 곳도 대지이며, 이어 살펴볼 생명체의 구역에서 찾을 수 있는 많은 물질들도 대지로부터 나온 것들이다.

생물체의 구역

생물체의 구역은 약이 되는 온갖 물질로 가득하다. 생명체는 크게 동물과 식물로 나눌 수 있는데, 인간은 이러한 생명체의 일부이자 포식자로서 여러 동물과 식물을 음식으로 섭취함으로써 영양분을 얻고 병의 치료에 필요한 물질을 찾았다.

예를 들어 생선에서 오메가3를 얻고 인삼에서 사포닌을 얻고, 석류에서 에스트로겐을 얻고, 칡에서는 성장호르몬을 찾아냈다. 또한 그냥 먹었을 때는 독이 될 수 있는 것들도 일부 물질만 추출해 사용할 경우 약으로 활용할 수 있는 경우도 있다.

이처럼 자연의 모든 구역에는 건강을 지키는 데 이용할 수 있는 온갖 물질들이 가득하다. 이를 지혜롭게 이용하는 것은 바로 우리의 몫이다.

2) 비타민과 호르몬의 기능

인간은 아주 오래전부터 건강한 삶을 누리기 위해 자연 속의 여러 물질들을 이용해왔다. 질병 치료를 위해 약으로 쓰기도 했고, 허약체질 개선과 정력 증강을 위한 보약으로 이용하기도 했다. 그런데 근자에 들어서야 그 기능이 과학적으로 밝혀지면서 주목받는 자연계의 물질이 있으니 바로 비타민과 호르몬이다.

비타민과 호르몬은 인간의 생체 기능을 조절하는 매우 중요한 물질로, 필요량은 매우 적지만 결핍될 경우 노화와 질병의 직접적인 원인이 될 수 있다.

많은 사람들이 이 두 물질을 건강을 지키는 명약이라고 생각해서, 충분히 섭취하기 위해 노력한다. 그렇다면 비타민과 호르몬은 과연 어떤 물질이며 우리 몸에서 어떤 작용을 하는 것일까?

비타민과 건강

비타민은 신진대사에서 효소의 보인자(Co-factor)로 작용하는 유기물질이다. 지금까지 국제적으로 공인된 비타민은 13종인데, 그중 9종은 수용성이고 4종은 지용성이다.

대부분의 비타민은 체내에서 합성되지 않으므로 음식물을 통해 공급해주어야 한다. 그러나 예외도 있다. 비타민D는 햇볕을 받으면 피부에서 합성되며 비타민K와 비오틴

(Biotin)도 장내세균의 활동으로 체내에서 만들어진다.

비타민은 에너지를 생산하는 영양소는 아니지만 탄수화물, 지방, 단백질의 에너지 대사를 촉진하는 역할을 하기 때문에 결핍되면 신체 이상 증상이 나타나게 된다. 또한 세포분열, 시력, 성장에 영향을 미치며 상처 치료와 혈액응고를 돕는 역할도 한다.

그런데 비타민은 여러 종류가 함께 작용하여 생체 기능을 조절하기 때문에, 그 중 하나라도 부족하게 되면 기능장애가 생긴다.

예를 들어 성장 촉진에 관여하는 비타민 A, B_1, B_2, B_6, C, D 중에 어느 하나라도 부족하게 되면 성장에 이상이 올 수 있다. 또한 전반적인 비타민 결핍 현상으로는 소화기능 저하, 식욕 감소, 신체 활력 저하, 성장발육 저하 등이 있다.

그렇다면 비타민이 결핍되는 원인은 무엇일까?

먼저 음식물을 통한 비타민 섭취 부족이다. 채소와 과일 등 비타민이 풍부한 식품을 멀리하고 육류와 가공식품 등 고단백, 고지방 식품을 주로 섭취할 경우, 비타민 결핍이 생기기 쉽다.

비타민을 많이 섭취한다고 해도 소화 흡수가 제대로 되지 않으면 결핍 현상이 생길 수 있다. 스프루(sprue)나 췌장 질환처럼 지방 변을 수반하는 질병이 있을 경우 영양소의 흡수가 잘 이루어지지 않게 되는데, 지용성 비타민들이 가장 큰 영향을 받는다.

또한 장에 촌충이 생겨도 비타민 B12가 결핍되며, 소화기능이 급격히 저하된 노인도 비타민 흡수율이 매우 낮다.

신체의 변화 요인으로 인해 비타민 요구량이 늘어났을 때도 역시 결핍이 일어난다.

특히 격한 육체 활동을 자주 하거나 감염성 질환이 생겼을 경우, 임신과 수유 시, 약물 치료 시, 급격한 성장 시에 비타민 요구량이 크게 늘어나서 정상 필요량을 섭취해도 결핍이 올 수 있다.

비타민은 건강을 지킨다. 균형 잡힌 식사와 충분한 휴식, 지속적인 건강관리를 통해 비타민의 균형을 잡으면 보다 건강한 삶을 누릴 수 있다.

호르몬과 건강

앞서 우리는 호르몬이란 무엇이며, 신체 내에서 어떠한 역할들을 수행하는지에 대해 살펴보았다.

호르몬은 성장과 발육, 생체 기능 조절 등 생명활동을 위한 중요한 요소로서 건강에 직접적인 영향을 미친다.

기본적으로 인간을 비롯한 모든 동물은 생식과 성장을 위한 호르몬을 필요로 하는데, 이 호르몬의 분비와 활동에 이상이 생기면 여러 질병이 발생하고 노화가 촉진되는 되는 것이다.

최근에는 특히 성조숙증, 조기 폐경, 자궁암과 같은 여성 질환이 크게 늘고 남성의 여성화가 나타나는 등 성호르몬 불균형으로 인한 질병들이 급격히 늘어나는 추세이다.

여성호르몬인 에스트로겐의 분비가 감소될 때 여성이 겪는 대표적인 증상은 폐경이다.

통상 폐경 나이는 45세에서 55세 사이이지만 호르몬의 균형이 깨지면 폐경이 30대에 오는 경우도 있다.

폐경은 성능력 저하와 부부생활의 지장을 초래해 생활의 자신감과 즐거움을 빼앗아가는 반갑지 않은 현상이다.

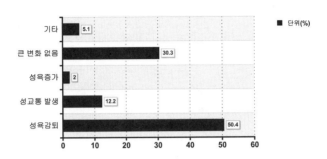

폐경 후 성능력 변화

- 기타 5.1
- 큰 변화 없음 30.3
- 성욕증가 2
- 성교통 발생 12.2
- 성욕감퇴 50.4

■ 단위(%)

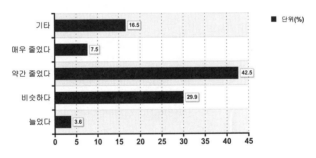

폐경 후 부부관계 빈도

- 기타 16.5
- 매우 줄었다 7.5
- 약간 줄었다 42.5
- 비슷하다 29.9
- 늘었다 3.6

■ 단위(%)

* 출처 : 경향신문 2009. 11. 11

폐경 후에는 여성호르몬이 부족해지기 때문에 질건조증, 질소양증, 성교통, 요실금, 우울증 등의 증상이 나타나기 쉽다. 이외에도 에스트로겐 부족은 인지장애, 심혈관계 질환, 신장질환, 근골격계 질환, 피부질환 등 심각한 질병을 불러올 수 있다. 남성도 남성호르몬인 테스토스테론 분비가 줄어들면 갱년기를 겪는다.

조루나 발기부전 등의 성기능 감퇴가 나타나고 전립선염과 전립선비대증, 전립선암 등의 전립선 질환이 발생할 위험도 커지게 된다.

◎ 에스트로겐 부족으로 생기는 증상들

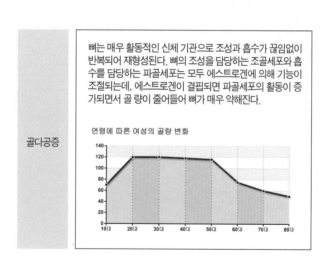

| 골다공증 | 뼈는 매우 활동적인 신체 기관으로 조성과 흡수가 끊임없이 반복되어 재형성된다. 뼈의 조성을 담당하는 조골세포와 흡수를 담당하는 파골세포는 모두 에스트로겐에 의해 기능이 조절되는데, 에스트로겐이 결핍되면 파골세포의 활동이 증가되면서 골 량이 줄어들어 뼈가 매우 약해진다.

연령에 따른 여성의 골량 변화 |

피부의 변화	폐경 후 에스트로겐 분비가 줄어들면 가장 확연한 변화를 보이는 신체 부위가 바로 피부이다. 그 이유는 아직 확실하게 알려져 있지 않지만 에스트로겐이 피부 두께 보존과 콜라겐의 복구에 도움을 주는 것으로 보고되고 있다. 때문에 폐경 후 에스트로겐 분비가 중단되면 피부의 급격한 노화가 나타난다.
혈관 운동성 증상	혈관운동성 안면홍조는 에스트로겐 결핍 시 나타나는 대표적인 증상이다. 앞가슴과 목, 얼굴에 갑작스럽고 빈번한 홍조와 미열이 나타나며, 불안감과 오한이 함께 나타나는 경우가 많다. 갱년기 여성들의 50% 정도가 이러한 증상을 겪는다고 보고되고 있는데, 피로감, 신경과민, 불안, 우울증 및 기억상실증, 수면 장애를 동반할 수 있으니 주의해야 한다.
정신 생리적 증상	생식능력 상실에 의한 심리적 영향은 여성 고유의 능력인 임신과 출산의 역할과 관련이 있다. 여성호르몬이 줄어들면 생식기능과 성기능이 떨어지기 때문에 여성으로서 상실감을 가지게 될 수 있으며, 외모의 변화(노화)로 인해 겪게 되는 스트레스를 극복하지 못하고 우울증 등 정신장애로 고통받을 수 있다. 이러한 증상은 객관적인 생리현상이 아니라 마음가짐에서 비롯된 문제인 경우가 많으니 항상 긍정적인 마음가짐을 갖는 것이 중요하겠다.
위축성 증상	질, 요도, 방광 기저부 등은 에스트로겐에 매우 큰 영향을 받는다. 폐경 후 에스트로겐 보충 치료를 받지 않은 여성의 1/3이 폐경 4~5년 후, 이 부위에 위축성 변화가 나타났다. 주로 질 건조감, 성교통, 재발성 질염, 배뇨 장애, 긴급 배뇨, 재발성 요로 감염, 긴장성 요실금 등의 증세를 보였다.

인지장애
알츠하이머

에스트로겐의 결핍은 중추신경계에도 많은 영향을 미친다. 에스트로겐 분비가 줄어드는 폐경기의 여성이 집중력 저하와 단기 기억력 장애를 많이 겪는 것이 바로 이 때문이다. 최근 자료에 의하면 에스트로겐은 언어 기억에 많은 영향을 미친다. 최근 에스트로겐 연구에서 가장 관심이 모아지고 있는 분야는 알츠하이머 예방과 치료인데, 에스트로겐 요법을 이용하면 치매의 위험을 줄일 수 있는 것으로 나타났다.

이처럼 호르몬 중에서도 성 호르몬은 질병의 발생과 노화에 모두 직접적인 원인이 되는 것으로 지목되고 있어, 성 호르몬 불균형을 바로잡아 건강을 되찾고 노화를 예방하려는 노력들이 다양하게 이루어지고 있다.

그 대표적인 노력으로는 우리가 앞서 살펴보았던 호르몬 보충 요법을 들 수 있을 것이다. 그러나 이 방법은 효능과 한계를 동시에 가지고 있다.

호르몬과 함께 건강의 파수꾼이라 불리는 비타민의 경우에는, 결핍 현상이 나타날 경우 간단하게 섭취하여 보충해주는 것만으로도 치유가 가능하고 과잉되어도 대부분 체외로 배출되기 때문에 문제가 없다.

그러나 호르몬의 경우에는 문제가 복잡하다. 호르몬의

분비가 원활하지 않다고 무턱대고 보충하다가는 큰 병을 얻을 수도 있다.

또한 과잉되어도 여러 질병이 생길 수 있기 때문에 항상 적절한 균형이 유지되도록 해야 하는데, 그 양을 적절히 조절하기가 매우 까다롭다.

특히 많이 사용되고 있는 합성 호르몬제들의 경우 효능이 있기는 하지만 그에 다른 부작용도 크고 효능도 안정적이지 않아, 사용에 대한 논란이 끊이지 않고 있다. 하지만 그렇다고 해서 호르몬의 불균형을 바로잡는 보충 요법을 그냥 포기하고 이에 따르는 질병의 위험을 감수할 수는 없는 일이다. 그렇다면 어떻게 할 것인가?

우리는 앞서 천하의 명약도 결국은 자연 속에서 나온 것이라는 데 대해 공감한 바 있다. 화학 약품을 이용하는 것이 우려된다면 자연 속에서 이를 대체할만한 물질들을 찾아낼 수 있지 않을까?

다음 장에서는 합성 호르몬을 이용한 보충요법의 부작용에 대한 대안으로 각광받고 있는 천연호르몬 요법에 대해 알아보도록 하자.

4 석류, 내 몸을 살린다

1) 왜 식물성 에스트로겐인가?

우리는 앞서 호르몬이 인체의 건강에 중요한 영향을 미친다는 것을 확인했다. 에스트로겐은 이러한 호르몬 중에서도 질병과 노화에 직접적인 영향을 미치는 것으로 보고되고 있다.

이러한 이유 때문에 많은 사람들이 에스트로겐 보충요법을 시도하고 있다.

최근 국내 한 유력 주간지에서 호르몬 요법 시행 경험이 있는 의사 100인과 시행 경험이 있는 환자 100인을 대상으로 실시한 설문조사 결과, 의사의 22%가 호르몬 요법으로 인한 부작용이 매우 걱정스럽다고 답했으며 42%는 어느 정도 걱정된다고 응답해, 전체 64%가 호르몬 요법의 부작용을 우려하는 것으로 나타났다.

설문에 응답한 환자들도 전체의 85%에 달하는 환자가 유방암 등의 부작용이 우려된다고 답했다.

화학 합성호르몬 요법의 유해성에 대해 본격적인 논란이 시작된 것은 2002년의 일이다.

당시 미국국립보건원은 1993년부터 2005년까지 실시하기로 계획했던 복합성 여성호르몬(복합형 에스트로겐과 프로게스테론) 치료 평가를 위한 임상실험을 중단했다.

그 이유는 임상실험 중간 평가 결과, 약물 투여 군에서 유방암 등 부작용 발생 확률이 매우 높게 나타났기 때문이다.

◎ 합성호르몬 요법의 부작용

뇌졸중 → 41% 증가	유방암 → 25% 증가	심혈관계 질환 → 22%
심장마비 → 29% 증가	정맥혈전증 → 2배 증가	

이후 학계에서는 합성 에스트로겐 요법의 위험성에 대한 보고가 줄을 이었고, 합성 호르몬을 대신할 물질에 대한 연구가 이어졌다. 이 과정에서 주목받게 된 것이 바로 비타민과 식물성 에스트로겐이 다량 함유된 천연식품 '석류' 로 발표했다.

2) 식물성 에스트로겐의 보고, 석류

석류는 잎부터 뿌리까지 무엇 하나 버릴 데 없는 식물로서 세계적으로는 이란 지역, 국내에서는 전남 고흥 지역에서 다량 생산되고 있다.

석류의 잎은 사계절 다른 색채를 보여 염료로 애용되며 식용증진, 강장제로서 허약체질 개선을 위한 생약으로 사용되고 있다.

꽃은 구내 궤양, 목의 상처 및 편도선 치유에 이용되고 있으며, 석류나무의 껍질과 뿌리에는 알칼로이드와 베르체렌, 베룰루산 등이 풍부하여 복통, 구내 궤양, 치통, 목이나 상처의 통증, 여러 만성질환의 치유에 사용된다.

과실인 석류는 맛이 탁월하고 비타민, 혈액 정화와 순환 작용에 좋고, 마그네슘과 칼륨 등의 미네랄, 여성호르몬인 에스트로겐 등이 다량 함유되어 있다.

영양소가 풍부한 석류

석류에는 인체에 잘 흡수되는 수용성 단당류인 포도당과 과당 등이 전체 당류 중 40.5%를 차지하고, 신진대사를 촉진해 피로회복에 도움을 주는 구연산도 다량 함유돼 있다.

석류는 과육은 물론 껍질과 씨앗까지 유용하다. 경희대 강남경희한방병원 이경섭 원장은 "석류 껍질과 씨에 들어 있는 '탄닌'과 '펙틴질' 성분은 에너지 대사를 도와 피로를 씻어주고, 동맥경화를 예방해주며, 두피의 혈액순환을 개선해 탈모 예방에 도움을 준다."고 말했다.

석류가 남성의 건강에도 좋은 영향을 미친다는 연구 결과도 있다. 미국 캘리포니아 대학교 연구팀이 50명의 전립 선암 환자들에게 3년간 매일 230ml의 석류주스를 마시게 했는데, 석류주스를 마시지 않은 그룹은 전립선암의 지표인 혈중특이항원수치(PSA)가 2배로 증가하는 데 소요된 시간이 평균 15개월, 마신 그룹은 평균 54개월인 것으로 나타났다. 수치가 증가하는 시간이 오래 걸린다는 것은 종양이 그만큼 느리게 성장한다는 것을 의미한다.

또한 석류는 나쁜 콜레스테롤(LDL)은 낮춰주고 좋은 콜레스테롤(HDL)은 높여주며, '안토시아닌', '탄닌' 같은 성분이 함유되어 있어 염증을 없애거나 암을 예방하는 데에도 도움이 된다고 알려져 있다.

◎ 석류 속 영양소의 기능

수용성 비타민	비타민B1 : 에너지를 만드는 당질대사에 꼭 필요한 영양소로 부족하면 식욕부진, 피로, 체중감소를 일으킨다. 비타민B2 : 보조효소로 활동하며, 결핍되면 식욕부진, 구토증, 구내염, 설염 외에도 눈의 충혈, 각막염, 피부의 건조나 지루성 피부염, 빈혈 등의 증상이 나타난다. 나이아신 : 보조효소로 활동하며, 결핍되면 수포 등의 피부염, 피부 각화, 색소침착, 혀의 발적과 통증, 만성설사, 두통, 불면, 기억장애 등이 나타난다. 비타민C : 체내 아미노산 대사에 작용하며 생체 산화 · 환원 반응에 관여한다. 빈혈, 식욕부진, 색소침착 치료에 효과가 높으며 항빈혈작용이나 항암작용을 하는 것으로 알려져 있다. 결핍되면 괴혈병이 생길 수 있다.

식물성 에스트로겐	석류에는 1㎏당 17㎎의 천연 식물성 에스트로겐이 함유돼 있다. 석류에 함유된 식물성 에스트로겐은 인체의 여성호르 몬과 구조가 매우 흡사하며 식품으로 안전하게 여성호르몬 을 섭취할 수 있는 대안이 된다. 에스트로겐은 여성의 생리기능에 도움을 주며 콜라겐의 합 성을 촉진해 피부 탄력을 지켜주고 노화를 지연시키는 기능 을 한다. 따라서 20~30대에는 피부 미용과 임신, 출산에 도 움을 주고, 40~50대에는 폐경기 증상, 심혈관계 질환, 골다 공증, 성기능 저하를 예방하는 데 기여한다. *** 석류에 들어 있는 식물성 여성호르몬** ① 에스트로겐류: 석류의 씨앗에는 에스트라디올, 에스트론 이 많이 들어 있다. ② 쿠메스탄: 쿠메스탄 계열의 쿠메스테롤은 콩에 들어있는 이소플라본 보다 인체 내 생리활성이 16배 강한 식물성에 스트로겐이다. ③ 캄페롤과 퀘세친 등의 이소플라본 ④ 프로게스테론 작용을 나타내는 루테올린과 나린제닌
당질	석류에는 포도당이 21.8%, 과당이 24.56% 함유되어 있어 다른 식품에 비해 당질이 풍부하다. 에너지 효율이 풍부한 반면 과당의 비율이 높아 혈당치가 낮게 유지되기 때문에 과혈당, 당뇨가 생길 위험은 적다.
무기질	석류에는 뼈의 주성분인 칼슘이 매우 풍부하다. 이 외에도 자극에 의한 신경 흥분 저하와 효소 작용의 활성화를 촉진 하는 마그네슘과 핵산, 단백질의 합성에 관여하여 결핍 시 피해 장애, 미각장애를 일으키게 되는 아연, 혈액을 이루는 성분인 철분의 3대 주요 미네랄을 모두 포함하고 있다.

* 내용 출처 : 한국식약청 식품원재료 소개

석류와 에스트로겐에 관한 연구

이처럼 석류 속에는 건강에 이로운 여러 물질들이 골고루 분포되어 있다.

동국대학교 식품공학학과 노완섭 교수는 석류 속에 당질, 아미노산, 미네랄, 비타민, 스테로이드 외에도 스테로이드 호르몬인 에스트론, 에스트라디올이 다량 함유되어 있다고 학계에 밝혔다.

그러나 석류에서 특히 두드러지는 영양소는 역시 에스트로겐이다.

일본의 마르킨추우사와 기키 대학 의학부 공동연구는 석류 씨앗 1kg 속에 10~18mg의 에스트로겐이 함유되어 있다고 밝힌 바 있으며, 알렉산드리아 대학의 모뎀박사도 석류 속에 식물성 에스트로겐이 함유되어 있다는 연구 결과를 발표하했다.

◎ 석류 섭취 후 효과

피부와 근육의 노화 개선	성기능 강화	비만 감소, 저항력 향상
- 피부탄력 71%, 근력 88%, 근지구력 81%, 에너지와 스태미나 84% 향상 - 지방 72%, 주름살 71% 감소 - 시력 강화 88% - 골다공증 개선 60% - 관절 유연성 회복 80% - 이뇨 횟수 감소 57% - 소화기능, 불면, 생리불순 개선 - 기억력 향상, 우울증 감소 - 새로운 머리카락 생성	- 발기 지속력 62%의 향상 효과 - 발기력, 정자 수 증가 - 성기능 회복 - 질 수축력 회복 - 질 분비물이 늘어나 질 건조증과 성교통 해소 - 부부 관계 시 만족도 증진	- 복부비만-체지방 감소, - 상처의 치유 능력 61% 향상 - 상처의 회복 능력 71% 증진 - 갱년기 장애, 골다공증, 관절염 개선

우리나라에서는 신라대학교 식품영양학과 연구진이 석류를 이용한 식물성 에스트로겐의 효과를 실험한 결과 석류 속에 에스트로겐이 다량 함유되어 있어 여성호르몬 보충에 역할을 해준다고 발표했다.

식물성 에스트로겐의 기능

에스트로겐은 성숙한 여성의 난소에서 분비되는 호르몬으로 생리기능 전반을 조정한다.

현재 생체에서 추출한 것, 자연물에서 추출된 것, 합성된 것을 포함해 그 구조가 유사하면 에스트로겐으로 칭하며 호르몬 보충 요법에 이용된다.

이처럼 에스트로겐 결핍으로 인한 증상에 대처하기 위해 합성된 에스트로겐이 많이 이용되는데, 부작용이 심하기 때문에 최근에는 장기적으로 사용해도 안전성이 높은 에스트로겐 물질을 자연계에서 구하려는 움직임이 커지고 있다.

식물성 에스트로겐은 매우 복잡하고 종류가 많은데, 가시오가피, 승마(升麻), 갈근, 파파야, 올리브유, 석류 등에서 많이 찾아볼 수 있다.

그러나 일상적인 음식 섭취만으로는 천연 식물성호르몬을 지속적으로 섭취하기 어렵다. 때문에 호르몬 치료를 위해 복용이 필요한 이들이나 노화예방과 미용에 관심 많은 사람들을 위해, 천연 재료에서 고농도로 에스트로겐을 추출하여 만든 기능성 식품들이 만들어지고 있다.

이러한 천연 재료들 중에서도 단연 뛰어난 효과를 나타내는 것이 석류이다. 석류는 식물성 에스트로겐이 풍부할 뿐만 아니라 섭취 시 부작용이 없는 것으로 알려서 더욱 사랑받고 있다.

순천향대병원 산부인과 이임순 교수도 "에스트로겐 함유가 높은 석류를 먹으면 갱년기 증상을 경감시키거나 호전시킨다는 보고가 있다"고 말했다.

◎ 천연 식품을 이용한 호르몬 요법 제품 비교

성 분	효 능	부작용
승마	안면홍조 개선, 뼈와 심장기능 강화	미약한 위장장애
대두	안면홍조 개선, 콜레스테롤 저하, 뼈 강화	장기간 다량 섭취 시 유방암 발병률 증가
당귀	안면 홍조 개선, 심혈관 기능 개선	독성 출혈과 광과민성 증상
달맞이꽃	안면홍조 개선에 미약한 효과	안전성에 관한 정보 미약
석류	안면홍조 개선, 갱년기 장애 개선, 정혈작용, 항암작용, 뼈와 심장기능 강화	체내 작용에 있어 부작용 없이 안전.

* 출처 : 의약신문 2002. 09

석류에도 명품이 있다

석류는 천연식품이기 때문에 어디에서 자라느냐에 따라 그 질이 달라질 수밖에 없다. 석류나무의 원산지라고 알려져 있는 이란(고대 페르시아) 지역은 지금도 석류가 자라기에 아주 적당한 기후를 갖고 있어 최상급 품질의 석류가 생산되고 있다.

우리 나라에서는 겨울에 따뜻하고 해풍이 센 편이라 석류 재배에 유리한 조건을 갖추고 있는 전남 고흥 지역이 석류재배지로 유명하다.

고흥 석류 재배 면적은 그간 꾸준히 늘어 2004년 4ha(약 1만2000평)에서 2008년 88ha(약 26만 평)가 되었다. 그리고 2009년 현재에는 전국 석류 재배 면적의 96%(96ha)를 차지할 만큼 재배 량이 압도적이다. 명실공히 토종 석류의 메카로 자리매김하고 있는 것이다.

고흥산 석류는 품질 면에서 월등할 뿐만 아니라 친환경 농법으로 재배되고 있어, 수입산 석류와 비교할 때 우위를 보이고 있다. 고흥군은 2012년까지 황토유황 등을 뿌려 병해충을 막는 친환경농법으로 모든 석류를 재배하는 명품화 프로젝트를 추진하고 있기도 하다.

3) 석류를 이용한 식물성 호르몬 대체요법의 성과

앞에서 살펴본 바와 같이 석류는 단연 뛰어난 효과를 나타낸다.

미국 의학 협회지에 에스트로겐이 기억력 향상에 도움을 준다는 연구 논문이 발표되기도 했으며, 독일 눔메르그 대학 루트비히 교수는 영국 의학 잡지 란셋에 기고한 보고서를 통해 '혈중 에스트로겐 농도에 따라 실제보다 8세 이상 젊어 보일 수 있다'고 발표해 눈길을 끌었다.

미국코넬 대학 마이클로틀리노프 박사는 호르몬대체요법이 심장비대증을 예방한다는 내용의 임상연구를 발표했으며, 의학정보 VOL1.28. 2002 WHI 발표에 의하면 호르몬 대체요법이 고관절 골절 위험을 34%, 기타 부위 골절을 24%, 치아 결손은 24~49% 감소시키는 것으로 나타났다.

◎ 식물성 호르몬 요법의 성과

혈관운동장애가 호전된다.

폐경 후 혈관운동장애에 의한 대표적인 증상이 안면홍조이다. 이러한 안면홍조의 원인이 에스트로겐 결핍이기 때문에 호르몬 대체요법을 통해 95% 이상 근본적인 치료가 가능하다. 대부분의 안면홍조 증상이 밤에 나타나기 때문에 에스트로겐 요법으로 수면 증진, 불안감 감소로 인한 정서 안정, 기억력 향상 등의 효과를 거둘 수 있다. 치료 효과는 보통 2~4주 후에 나타나며, 효과가 영구적이지 않아 중단하면 증상이 다시 나타날 수 있다.

피부 노화를 예방 · 개선한다.

에스트로겐 요법을 시행하게 되면 교원질과 하이알루론산의 생산이 증가되어 피부 두께가 늘어나고 진피의 수분 량이 증가 되어 피부 건조와 주름이 개선된다. 또한 폐경 이후에는 피부의 신전성이 증가하게 되는데 에스트로겐 대체요법을 통해 신전성을 증가시켜 피부가 늘어지는 것을 막을 수 있다.

심리적 증상이 호전된다.

폐경 후에는 우울, 피로, 근심 등 과민성 정서 불안 증세가 나타나게 되는데, 에스트로겐 요법을 실시함으로써 안면홍조를 개선에 수면의 질을 높여 불면증, 우울, 불안, 초초, 근심 등의 심리적인 증상을 경감시키고, 성기능 개선을 통해 생활의 활력과 즐거움을 더해줌으로써 자괴심, 부정적인 생각 등을 바꿀 수 있다.

대장암과 직장암을 감소시킨다.

과거 여러 연구에서 호르몬 대체요법을 통해 담즙의 생성과 분비를 감소시키고, 에스트로겐 수용체에서 암 억제작용을 하여 대장암과 직장암을 감소시킨다고 보고되어 왔으며, 이번 WHI 연구에서도 위험도를 37% 이상 감소시킬 수 있다는 결과가 나왔다.

하부요도 및 생식기관의 기능을 개선한다.

질과 요도, 방광에도 에스트로겐 수용체가 존재하기 때문에 에스트로겐을 투여하면 요도 점막과 점막 하부, 골반저와 요도 주위의 결체 조직의 증식효과를 가져오고 하부 요로계의 혈관 분포를 호전시켜 요도압이 증가되고 요도와 골반저 근육의 수축성을 증가시킨다. 그리하여 요도 감염 없이 폐경기에 발생하는 빈뇨, 배뇨 곤란, 절박뇨 등의 증상이 개선된다.

질 점막 및 생식기의 위축 현상은 폐경기에 빈번한 질염을 초래하는데, 에스트로겐을 투여하면 질점막이 증식하고 질 분비물이 증가하여 질내의 산도를 낮추고 병원체의 성장을 억제하여 위축성 질염의 예방 및 치료 효과를 거둘 수 있다. 양을 적절히 조절하면 질내 상피세포의 성숙 지수를 폐경 이전 상태로 돌려놓는 것도 가능하다. 에스트로겐 요법으로 인한 또한 질윤활 증가는 성적 자신감, 성적 욕구 증진이라는 효과도 불러올 수 있다.

근육통과 관절통을 완화시킨다.

폐경으로 인해 에스트로겐이 결핍되면 피부와 뼈의 교원질과 같은 방식대로 인대 등에서도 교원질이 소실되어 관절통 및 근육통을 호소하는 경우가 많다. 이때 통증 부위는 주로 손목, 발목, 어깨 등의 관절 부위이다. 이러한 증상들을 호르몬 대체요법을 통해 효과적으로 완화시킬 수 있다. 더불어 치주 출혈이나 위축 개선에도 효과적이다.

골다공증을 예방하고 개선한다.

체내 여성호르몬인 에스트라디올이 농도가 감소하면, 골 소실이 가속화되는
데 총 골 량은 여성호르몬 분비가 중단되는 폐경 후 매년 2~3%씩 급격히 감
소하여 수년이 지나면 정상치의 1~2배 이하로 떨어지게 된다. 여성호르몬 농
도를 충분히 유지해주어야 골 소실을 예방할 수 있다.

체내 부족해진 에스트로겐을 보충하기 위해 에스트로겐을 투여하면 먼저 골
흡수 물질이 증가하고 골 생성 물질이 감소하여 골밀도가 증가하게 된다. 에
스트로겐 투여 시 골밀도 증가 상황을 보면, 지주 골이 피지 골에 비해 효과가
크며 모든 부위에서 골 소실이 중지된다. 최근 발표된 WHI 연구를 보면 고관
절 골절의 위험도가 34%, 모든 부위의 골절 위험이 24% 감소하는 것으로 나
타났다. 호르몬 요법을 처음 시행할 경우 효과가 가장 커서 60세 이후에 실시
해도 치료효과를 얻을 수 있다.

호르몬 대체요법은 또한 치주조직의 교원질과 혈관조직 개선 효과도 높아 구
강 건강에도 도움을 주는데, 일부 연구에 의하면 치아 손실이나 무치 위험도
를 각각 24%와 49%까지 감소시키며 의치 사용률을 19%까지 감소시키는
것으로 나타났다.

알츠하이머병의 위험을 감소시킨다.

폐경 후 건강한 여성에게 에스트로겐을 투여하면 알츠하이머병의 위험도
를 40~60%까지 낮출 수 있으며, 투여 기관과 용량에 비례하여 위험도 역
시 낮다고 보고되고 있다. 또한 대체호르몬 요법을 시행하면 알츠하이머병
의 발병을 2년 정도 지연시킬 수 있다고 한다.　　　　　(의약정보 2002.9)

여성호르몬과 알츠하이머 병의 관계

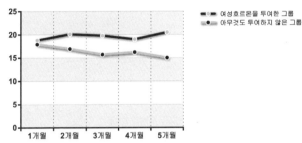

* 내용 출처 : 〈석류와 여성호르몬〉 중에서/영흥 발행

여성호르몬이 부족하면 뇌기능은 저하되고 기억력도 떨어지며 알츠하이머 병이 촉진된다.

이 그래프를 통해 에스트로겐 요법으로 뇌기능 저하가 억제되고 있음을 알 수 있다.

5 석류로 건강을 찾은 사람들

■ 석류 즙이 만나게 해준 우리 아들

4년 전 어느 날 남편이 가져다준 석류 즙. 남편은 요즘 석류가 여자들에게 좋다는 이야기가 많다며 무조건 먹어보라고 석류 즙을 들이밀었습니다. 아이들 낳고 집안 돌보며 직장생활하느라 부쩍 힘이 들던 터라 남편에게 자주 심통을 부리곤 했는데, 제가 걱정되어 사왔나 싶어 고마운 마음이 들었지요.

처음에는 석류하면 무조건 시다는 선입견이 있었던 터라 선뜻 먹기가 꺼려졌는데, 남편이 사온 제품은 먹기도 편하고 맛도 좋았습니다. TV홈쇼핑에서 방송하던 걸 본 적은 있지만 먹어본 건 그때가 처음이었지요. 나이가 들어갈수록 어깨도 아프고 피부 탄력도 떨어지고 짜증을 내는 일도 잦았었는데 석류 즙을 마신지 10일이 지나면서부터 몸이 가벼워지고, 생리불순도 사라졌습니다.

석류에 많이 들어있는 에스트로겐이 여성의 생리기능에 도움을 줄 뿐 아니라 콜라겐의 합성을 촉진해 탄력을 잃어가는 피부의 노화를 지연시킨다고 알고 있었는데, 실제로 그런 경험을 하게 될지는 몰랐지요. 하루하루 점점 더 가벼워지는 몸 덕분에 남편에게도 아이들에게도 예전처럼 밝은 모습을 보여줄 수 있었습니다.

그렇게 석류 즙을 꾸준히 두 달 쯤 먹었을 때 갑자기 넷째 아이가 우리 부부에게 찾아왔습니다. 딸 셋을 낳고 아들 낳는 것은 포기해야겠다고 체념하던 참이었는데, 기쁨과 걱정을 동시에 안겨준 소식이었습니다. 하지만 걱정에도 불구하고 부모님께서 바라시던 대로 아들을 낳게 되었지요. 전부터 체질을 바꾸려고 여러 가지 방법을 동원했는데도 안 되더니, 석류 즙을 꾸준히 먹고 아들을 가지게 된 것 같다며 시부모님도 놀라고 기뻐하셨습니다.

지금은 온가족이 석류 마니아가 되어버렸습니다. 어렵게 얻은 막내아들도 석류를 무척 좋아합니다. 주위에서 명절 선물로 어떤 것이 좋을까 고민하면 저는 항상 석류 즙을 권합니다.

여자에게 더할 나위 없이 좋은 석류 즙. 비타민도 많이 들어있어 온가족 건강 음료로도 최고가 아닐까 생각해 봅니다. 석류 즙을 선물 받은 분들이 너무 좋다고 하시며 또 찾는 것을 보면 비단 저만의 생각은 아닌 듯합니다.

김민경 전남 고흥군

■ 거짓말처럼 사라진 관절통증

전남 화순에서 밭농사를 짓고 있는 70대 후반 할머니입니다. 농사일을 하다보면 오랫동안 앉아서 밭일을 하게 되는 경우가 많습니다. 그러다보니 무릎관절이 아프고 불편해서 일어서서 걷는 것도 힘이 듭니다.

날씨가 조금 흐리면 일기예보처럼 뼈마디가 쑤시고 무릎이 아프고, 어떨 때는 다리에 쥐가 나서 밤잠을 설칠 때도 많았습니다. 하지만 저의 유일한 처방은 그저 온돌방에 따뜻하게 불을 지펴 놓고 쉬는 것뿐이었습니다. 그러고 나면 조금 나아지는 것 같기도 했습니다. 하지만 또 일을 시작하면 불편한 무릎은 어쩔 수가 없었습니다.

나중에는 병원에 가서 진찰도 받고 약을 타서 먹기도 했지만, 위가 약해 흡수도 잘 안되고 속이 쓰려 계속 복용하기도 힘들었습니다.

그러던 어느 겨울 막내딸 집에 가서 잠시 지내게 되었는데, 딸아이가 석류가 관절염 치료에 효과가 있다며 석류 즙을 권해주었습니다. 딸아이의 마음이 고마워 석류 즙을 챙겨먹으면서도, 처음에는 석류 즙이 무슨 효과가 있을까 반신반의하는 마음이었지요. 그런데 그해 겨울 내내 꾸준히 석류 즙을 먹었더니 무릎 통증이 거짓말처럼 사라지고, 다리 저림과 쥐내림 현상도 한결 부드러워졌습니다.

이제는 석류가 없는 하루는 생각할 수도 없습니다. 석류는 저를 그 지긋지긋한 관절 통증에서 벗어나게 해준 정말 고마운 은인입니다.

70대 할머니 전남 화순

■ 석류 즙, 주부습진을 물리치다

저는 50세 가정주부입니다. 가정에서 살림을 하는 주부라면 누구나 한번쯤은 주부 습진에 걸려서 고생한 경험이 있을 것입니다. 저는 예전부터 장갑을 끼고 설거지를 하는 것이 불편해 맨손으로 설거지를 많이 했던 터라 항상 주부 습진에 시달리곤 했습니다. 항상 장갑을 끼어야겠다고 생각하면서도 너무 답답한 나머지 다시 장갑을 벗게 되니 습진은 나아질 줄 몰랐습니다.

그러던 어느 날 여동생의 권유로 석류 즙 제품을 먹게 되었습니다. 처음에는 그냥 여자에게 좋다고 하기에 먹기 시작한 것이었는데, 꾸준히 3개월 이상 먹었더니 주부 습진이 거짓말처럼 좋아지는 것이었습니다.

몸도 가벼워지고 피로도 전보다 덜해지는 느낌이었습니다. 저처럼 주부습진에 시달리는 주부님들이 있다면 석류 즙을 권해드리고 싶습니다. 습진도 나아지고 다른 좋은 효과도 많이 얻게 되실 거니까요.

김정숙 서울시 강남구

■ 석류로 자신감을 찾았어요!

40대 초반 직장여성입니다. 저는 땀이 많이 나는 다한증이 있어 남모를 고민이 많았습니다.

추운 겨울에도 손바닥에 차는 땀 때문에 손수건을 가지고 다녀야할 정도였고, 여름철에는 손수건이 흥건히 젖을 정도로 땀이 많이 나는 바람에 생활이 여간 불편한 게 아니었습니다.

직장에서 손님과 악수를 해야 하는 상황이 생기면 그 일을 피하기 위해 온갖 핑계거리를 찾아야 했습니다. 다른 사람들에게 미안하고 불편한 마음이 들면 그 긴장감 때문에 땀이 더 많이 흐르곤 했습니다. 걱정과 긴장으로 하루도 마음 편할 날 없는 시간이었지요.

그러던 어느 날 남편의 직장동료 소개로 석류 엑기스를 먹게 되었습니다. 여자에게 좋다고 하니 손해 볼 것은 없을 것 같아 먹기 시작했는데 약 한 달간 먹은 후 다한증이 완화되는 놀라운 효과를 보게 되었습니다.

시간이 흐를수록 손에 땀이 적어지고 좋아지는 느낌이 들자 가을철에 직접 석류를 구입해서 석류 알을 통째로 믹

서에 갈아 채로 걸러서 먹기도 했습니다. 하지만 가사일과 바쁜 직장생활 때문에 석류를 직접 갈아서 먹는 방법이 번거롭고 불편하여, 먹기 간편한 석류 즙 제품을 구입하여 꾸준히 먹고 있습니다.

지금은 손에 땀이 덜나서 손수건을 챙길 일이 없어졌고, 피부도 좋아져서 예뻐졌다는 말도 많이 듣습니다. 그렇게 되니 직장생활에서도 일상생활을 할 때도 자신감이 생겼습니다. 제 몸과 마음을 모두 바꾸어준 석류, 고맙습니다!

정희정 광주광역시 남구

■ 만성피로에서 벗어나니 생활이 즐겁습니다!

나이 마흔, 직장생활을 하면서 만성피로에 시달리다보니 항상 몸이 무겁고 뻐근하고 혈액순환도 잘 되지 않는 답답한 상태가 계속되었습니다.

회사 일이 바빠서 운동도 꾸준히 하지 못했고 시간이 갈수록 피곤함만 더욱 쌓여갔습니다. 피로를 풀기 위해 종종 스포츠 마사지와 지압을 받아보기도 했지만 효과는 늘 그

때뿐이었습니다.

그러던 어느 날 텔레비전에서 고흥석류농장에 대해 소개하는 것을 보게 되었습니다. 그동안 몰랐던 석류의 효능에 대해 들으니 귀가 번쩍 뜨이는 기분이었습니다.

텔레비전에서는 석류 씨앗 1kg에 우리 몸과 가장 비슷한 호르몬 에스트로겐이 10~18mg이나 함유되어 있어 여성 건강에 좋을 뿐만 아니라 혈액을 정화해 주는 작용도 뛰어나다고 소개하고 있었습니다.

직접 농장으로 전화를 걸어 물어보니, 석류를 통째로 착즙해서 발효 과정을 거쳐 석류 즙을 만들기 때문에 영양소도 그대로 보존되고 먹기도 편하다고 하여, 석류 엑기스 제품을 주문해 매일 2포씩 먹었습니다.

처음 먹기 시작했을 때는 변화를 잘 못 느꼈는데, 먹을수록 몸도 가벼워지고 피로도 풀리는 것을 느낄 수 있었습니다.

특히 포장이 간편해 휴대하기도 편리해서 직장생활이 바빠도 항상 가지고 다니며 먹을 수 있어서 참 좋습니다.

지금은 제품을 먹은 지 4개월 이상 되었는데 혈액순환이 잘되는지 피로도 줄고 생리 색깔도 선홍색으로 좋아졌습니

다. 피로에서 벗어나 몸이 가벼워지니 생활이 즐겁고 활기
찹니다.

김복임 광주광역시 북구

■ 얼굴빛이 좋아지고 훨씬 젊어 보인다는 석류

저는 평소 몸이 약해 고민이 많았던 30대 후반의 직장여
성입니다. 평소에도 그런 편이었지만 잦은 유산을 겪으며
더욱 더 몸이 약해진 상태였습니다. 바쁜 직장생활로 인해
유산 후 몸조리도 제대로 하지 못했더니, 만성피로에 혈액
순환 장애로 인한 저체온, 손발 저림 등의 증상에 늘 시달려
야 했습니다.

제가 힘들어하는 것이 마음에 걸렸던지 남편이 혈액순환
에 좋다며 석류를 먹어보는 것이 어떻겠냐고 권했습니다.
마침 석류 제품을 음용하고 있던 직장동료도 좋은 생각이
라며 적극 추천하기에 저도 석류 엑기스 제품을 먹기 시작
했다.

처음에는 위가 약해서 신 음식을 잘 먹을 수 있을까 걱정

이었는데, 석류 엑기스 제품은 희석해서 먹으니 부담 없이 맛있게 먹을 수 있었습니다. 그렇게 3개월을 꾸준히 먹었더니 혈액순환이 원활히 이루어져서 손발도 따뜻해지고 늘 차가웠던 아랫배도 따뜻해졌습니다.

주위에서 얼굴빛이 좋아지고 훨씬 젊어 보인다는 이야기도 많이 듣습니다. 석류를 먹었더니 몸도 마음도 활짝 피어나는 것 같습니다.

이현진 광주광역시 서구

■ 여성호르몬이 풍부한 매력 만점의 석류

경기도 일산에 사는 올해 37살의 27개월 아들을 둔 주부입니다.

아이를 출산하고 난후, 피부도 거칠어지고 얼굴에 기미가 하나 둘 늘어가자 신경이극도로 예민해지기 시작하였습니다. 그러던 중에 어느 날 남편이 석류엑기스를 지인에게 선물 받았다며 가져왔습니다.

매스컴을 통해서 석류의 효능은 어느 정도 익히 알고 있

었지만 특별하게 건강기능식품이나 비타민을 챙겨 먹어본
적 없었기에 냉장실 한쪽에 놓아두었는데 며칠 후 목이 말
라 석류 반 컵에 따듯한 물을 부어 마셔 보았더니 상큼하면
서도 달달한 게 입맛에 딱 붙더라고요.

갈증도 쉽게 해소되고, 무엇보다 향긋한 냄새가 여자들
이 마시기에 참으로 깔끔하다는 걸 느꼈습니다.

하루에 두 번 정도 마시기를 보름 정도 지나, 칙칙하던 얼
굴빛이 달라지는 것을 느꼈습니다.

짜증스럽고 변덕스럽던 일상에 활기가 넘쳐흐르기 시작
하더군요.

또한, 출산 후 부담스럽던 남편과의 잠자리가 한결 가벼
워지고 여러 가지로 자신감이 생기게 되는 거예요.

모든 병은 마음으로부터 라고 하지만 석류의 효능에 대
해 다시 한번 감탄을 했답니다.

여자들이 임신을 하고 출산을 경험하게 되면 피부나 외
모에 대한 콤플렉스가 더 강하게 작용하여 심리적인 압박
이 더 심해지는 것 같습니다.

마음으로부터 건강한 에너지가 흘러나오기 위해서는 적

당한 운동과 절제된 식습관이 중요하겠지만 여성호르몬이 풍부한 석류를 통해서도 충분히 여성의 매력을 지켜나갈 수 있는 것 같아서 출산을 경험한 여성들에게 강력히 추천해 봅니다.

참~!하루에 두 번 꾸준히 복용하셔야만 제대로 된 효능을 느낄 수 있다는 것 잊지 마세요~!!!

김선아 경기도 일산

■ 불규칙한 신체리듬을 말끔히 없애준 석류

저는 중학교에 다니는 딸아이와 회사원 남편을 둔 직장 여성입니다.

하루 종일 서서 일하는 업무로 인해 집에 돌아오면 늘 피곤에 지쳐 쓰러지곤 했답니다.

업무량이 밀려서 잔업이 있을 때에는 야근을 해야 하고, 주말이나 휴일에도 출근을 해야 할 때가 많습니다.

그러던 어느 날 갑자기 소변이 자주 마렵고 배에 가스가 차고 생리 불순히 생기더군요.

평소에는 손발이 차고, 남들에 비해 추위를 심하게 탔습니다. 적극적이고 활달했던 성격이 점점 소심해지기 시작하였습니다.

몸에 좋다하는 한약을 지어 먹어보아도 별다른 효과를 보지 못하던 찰나에 우연한 기회에 석류엑기스가 여자 몸에 좋다는 광고를 접하고 그때부터 석류엑기스를 생수에 타서 마시기 시작하였습니다.

결과는 몸이 가벼워지면서 두 달에 한번 석 달에 한번 하던 생리가 일정한 주기로 오는 겁니다. 불안했던 마음이 가시면서 예전의 활기찬 내 모습을 찾게 되었습니다.

새벽에도 일어나 두서너 번이나 보던 소변의 횟수도 점점 줄어들기 시작했습니다. 키토산이나 알로에도 먹어 보았지만 석류만큼 그 효과를 확연하게 느끼게 해주는 것은 없었습니다.

지금도 꾸준히 하루에 두서너 번을 즐거운 마음으로 마시고 있답니다. 주위 분들에게도 열심히 홍보하고 권해드리고 있고요.

무기질과 비타민이 고루 함유된 석류엑기스는 사춘기에

접어든 중학생인 딸과 회사원 남편 우리가족 모두의 건강
을 보충해주는 음료로 아침저녁으로 매일 한두 잔씩

하루도 거르지 않고 꼭 마시고 있답니다.

박경미 경기도 용인

■ 석류는 여자다. 그래서 위대하다고 말하고 싶다

남편이 하던 사업이 하나 둘 무너져 내리면서 잘나가던
사모님에서 하루아침에 식당의 주방종업원으로 일하게 되
었다.

갑작스런 일들이 한꺼번에 닥치다보니 무엇부터 정리를
해야 하는지 생각할 겨를도 없이 강남의 재개발 월세 아파
트로 이사를 하게 되었다.

큰아들은 학교를 휴학하고 군대를 가게 되고, 둘째 아들
도 어려운 가정 형편을 눈치 채고는 아르바이트를 해가며
학교를 다니다가 군대를 자원해서 들어가고 나니 하늘이
무너져 내릴 것만 같은 두려움이 몰려들기 시작 했다.

남편은 상실감과 자죄 감으로 소식 한 장 남기지 않고 어
디론가 홀연히 떠나버리고 혼자 남은 내가 감당해야할 세

상은 그저 막막하기만 했다.

평소에 건강 하나만은 자신했었는데 그때부터 내 몸은 하나, 둘 삐꺼덕거리기 시작했다.

남편은 사업을 하면서 종종 집으로 손님 초대를 많이 했었기에 나는 나름 음식 솜씨가 있었던 터라 식당주방장으로 쉽게 취직하게 되었고, 그러나 생각만큼 식당일은 쉽지가 않았다.

어깨도 결리고, 온몸이 쑤시기 시작하면 밤새 끙끙 앓아야만 했다.

갱년기 때문인지 쉽게 얼굴이 붉어지고, 우울해지는 날들이 많아지면서 불면증에 시달리기도 했다. 그 무렵 휴가를 나온 아들이 석류엑기스를 들고 왔다.

아들을 아끼는 선임 병이 내 생일 선물이라며 주었다는 것이다.

고마움과 감사하는 마음으로 하루에 한잔씩 마시다가 마실수록 자꾸 더 마시고   싶어지기에 하루에 두 잔도 마시고 세 잔도 마시고 하다 보니 입맛에 길들여지고 있었다.

어느 날부터인가 얼굴이 붉어지는 현상이 점점 사라지고, 어깨도 조금씩 풀리는 기분이 들기 시작 했다. 몸이 편안해지니 긍정적인 생각을 하게 되고 매사가 즐거워지는 것이다.

50대 중반을 바라보는 나이에 가장 조심스러운 것은 폐경 이후에 오는 주체할 수 없는 두려움이다. 그런 나에게 자신감이 생기고 있었다.

멋들어진 인생만이 전부는 아니다. 건강할 수 있고, 건강을 지켜나갈 수 있다면, 그 무엇과도 바꿀 수 없는 소중한 보물을 가지고 있는 것이다. 석류는 여자다. 그래서 위대하다고 말하고 싶다.

내가 더 이상 주저앉지 않고 일어설 수 있는 용기를 주었다. 자신감을 잃고 나이를 잃어버렸다고 생각하시는 분들에게 적극적으로 권하고 싶다.

권선영 서울 강남구

■ 탄력도 생기고, 뱃살도 몰라보게 날씬해졌어요

동양의 절세미인이라 전하는 양귀비는 매일 석류를 반쪽씩 먹었다는군요.

여성들이 필요로 하는 모든 영양소를 가장 많이 가지고

있는 과일이라는 말을 실감케 하는 것 같아요.

낮에는 회사를 다니고, 밤에는 길거리에서 액세서리를 팔고 있는 올해 39살의 노처녀입니다.

결혼 적령기를 훌쩍 넘기다보니 주위에 따가운 시선을 피하기가 힘들지만 그 무엇보다 내 자신이 여자로써의 매력을 점점 잃어가는 것은 아닌지 항상 초조하고 불안했었어요.

낮에는 직장에서의 스트레스로 인해 힘들고, 밤이면 더우면 더운 만큼 추우면 추운만큼 몸도 마음도 점점 지쳐가고 있을 때 석류 엑기스를 접하게 되었고, 그 효과는 탁월했어요.

매일 얼굴마사지와 열심히 찜질 방을 다녀도 늘 칙칙하기만 하던 피부 빛이 몰라보게 밝아 졌어요.

고대페르시아에서는 석류를 '지혜의 과일' 이라 귀중히 여겼다고 하는데 석류에는 천연호르몬 에스트로겐을 함유하고 있어서 여러모로 여자들이 필요로 하는 영양소를 듬뿍 담고 있는 것 같아요.

살이 찌기 시작하면 빼기가 정말 힘들다는 뱃살이 나이가 먹어가면서는 점점 늘어지고 처지게 되는 거예요. 탄

력이 없어지는 것은 얼굴뿐만 아니라 가슴도 마찬가지이
고요.

석류엑기스를 마시기 시작하면서부터는 탄력도 생기고,
뱃살도 몰라보게 날씬해졌어요.

아무리 좋은 보약이나 아무리 좋은 음식이라도 넘치게
먹는 것은 오히려 좋지 않는 것 같아요.

석류엑기스는 많은 양을 마시는 것 보다 적당한 양을 꾸
준히 마셔주어야 한다는 사실 기억해주시고, 여성의 아름
다움을 지켜나가고 싶으신 분에게 꼭 권하고 싶네요.

이영희 서울 영등포

Q : 호르몬은 무엇이며 어떤 역할을 하나요?

호르몬은 동물체 내의 특정한 선(腺)에서 형성되어 체액에 의하여 체내의 표적기관까지 운반되어 그 기관의 활동이나 생리적 과정에 특정한 영향을 미치는 화학물질입니다. 호르몬이라고 하면 보통 사람들은 성호르몬을 떠올리는데, 우리 몸에서 분비되는 호르몬은 150여 가지나 됩니다.

여러 내분비기관에서 만들어진 호르몬은 혈관을 거쳐 신체의 여러 기관으로 운반되어 신체의 성장과 발달을 돕고, 체내 환경을 일정하게 유지하며, 에너지 대사를 조정하고 신체가 스트레스와 위기 상황에 잘 대처하도록 돕습니다. 또한 신진대사와 생식 그리고 세포의 증식 등 다양한 역할을 하는 것으로 알려져 있습니다.

Q: 에스트로겐은 어떤 호르몬인가요?

에스트로겐은 생식기관에서 분비되는 성호르몬의 일종
으로 질병과 노화에 직접적인 영향을 미칩니다. 때문에 에
스트로겐이 부족할 경우 피부 노화, 심혈관계 질환, 암, 골
다공증, 생식 및 성기능 저하, 생식기관 질환, 당뇨 등 여러
가지 질병을 불러올 수 있습니다.

Q: 화학 에스트로겐 보충요법은 위험한가요?

세계 각국의 여러 연구단체에게 화학 에스트로겐 보충요
법을 시행한 결과 유방암, 뇌졸중, 심혈관계 질환, 심장마비
등의 부작용을 불러올 수 있다는 결과가 나왔습니다. 호르
몬 보충 요법은 건강한 삶을 위해 꼭 필요하지만 화학호르
몬제는 그 효과와 부작용에 대한 논란이 많으니 천연 호르
몬 제제를 이용한 대체 호르몬 요법을 시행하는 것이 더 안
전합니다.

Q: 석류는 어떤 효능이 있나요?

석류는 비타민이 풍부하고, 나트륨, 칼슘, 인, 마그네슘, 아연, 망간, 철 등의 미네랄 그리고 무엇보다 에스트로겐이 다량 함유되어 있습니다. 때문에 석류는 기름진 음식을 즐겨먹는 현대인들이 영양의 불균형을 바로잡는 데 도움을 줍니다.

일본의 의학박사 오키모코 준꼬의 저서를 살펴보면 이 외에도 석류는 어깨 결림과 통풍 예방, 눈의 피로 개선, 임신부의 입덧 개선, 입 냄새 예방과 방지, 편도선염 치유, 후두염 치유, 다이어트, 무좀 치유, 암 치유, 기생충 퇴치, 안면 홍조 치유, 생리 불순 해소, 전립선 비대 개선, 난소 기능의 향상, 빈혈 증상을 경감, 편두통 개선, 근육과 관절의 염증 억제, 구내염 치유, 항균 작용과 항바이러스 작용, 설사 개선, 갱년기 장애 개선, 정력 증강, 지능 감퇴 예방, 탈모 예방 등에 효과가 있으며 에이즈를 예방하는 효과도 기대되고 있습니다.

Q: 석류를 이용한 식물성 에스트로겐 대체요법은 안전한가요?

석류 속에 들어 있는 에스트로겐은 화학호르몬이나 합성 호르몬과 매우 다릅니다. 우선 석류 속에 들어 있는 에스트로겐은 천연의 식물성 에스트로겐으로 수용성이며 인체에서 분비되는 에스트로겐과 매우 유사해 신체기관의 수용체가 받아들이기에 용이합니다.

이러한 이유로 다량 섭취하여도 필요량을 소모하고 나면 잔량이 몸에 축적되지 않고 배설되기 때문에, 유방암 등 에스트로겐 과잉으로 인한 부작용으로부터 안전합니다.

다양한 질병들을 예방해 주는 에스트로겐

비타민과 미네랄 그리고 에스트로겐이 풍부한 석류는, 건강과 젊음을 가져다주는 신비의 과일 이라는 찬사를 받고 있습니다.

석류에 들어있는 식물성 에스트로겐은 꾸준히 섭취할 경우 노화를 예방하고 폐경으로 인한 갱년기 증상을 호전시켜 주며, 에스트로겐 결핍으로 인해 발생하는 다양한 질병들의 위협에서 벗어날 수 있습니다.

특히 갱년기 장애 치유에 효과가 높아서 중년 여성의 삶의 질을 한층 높여줍니다.

21세기 여성의 평균 수명은 75세로 늘어났지만 40대 이후 폐경을 맞고 나면, 30년 가까이 활력과 즐거움을 잊은 채, 몸을 괴롭히는 병증과 싸우고 정신을 괴롭히는 우울함에 시달리게 됩니다. 요즘에는 환경오염으로 인한 조기 폐경도 늘고 있는 추세라 괴로움에 갇혀 지내는 시간이 더욱 길어질 수도 있습니다.

그러나 폐경 이후에도 삶은 계속되며 관리하기에 따라 얼마든지 즐겁고 활기차게 살아갈 수 있습니다. 그리고 석류가 그러한 행복을 가능하게 해 줍니다.

긍정적인 마음가짐과, 적절한 운동, 균형 잡힌 식생활 그리고 석류를 이용한 천연 호르몬 보충 요법을 꾸준히 병행한다면 갱년기라는 인생의 위기를 지혜롭게 극복할 수 있을 것입니다.

참고도서 및 문헌

비타민 바이블 I 얼 L 민델 지음 / 구성자 감수 / 류영훈 옮김 I 이젠
함암식탁 프로젝트 I 대한암협회 · 한국영양학회 지음 I 비타북스
내 몸 사용설명서 I 마이클 로이젠. 메멧 오즈 지음 / 유태우 옮김 I 김영사
병을 치료하는 영양 성분 가이드북 I 나가카와 유우조 지음 / 정인영 옮김 I 아카데미북
꼭꼭 씹어 먹는 영양이야기 I 한국경제신문 기자 정종호 지음 / 연세대 의대 교수 허갑범 감수 I 종문화사
미처 몰랐던 독이 되는 약과 음식 I 야마모토 히로토 지음 / 최병철 편역 I 넥서스북
석류와 여성호르몬 I 도서출판 영홍
석류와 여성호르몬 I (주)여약사 신문
성장호르몬 노화의 해결책인가? I 약업신문사

※ 내 몸을 살린다 시리즈는 계속 출간됩니다.

건강이 보이는 건강 지혜를 한권의 책 속에서 찾아보자!

도서구입 및 문의 : 대표전화 0505-627-9784